高等职业教育产教融合特色系列教材·无人机类

无人机维修技术

主　编　王博华
副主编　王朋飞
参　编　胡少华　赵月娇　贾婷婷
　　　　王志广　马　晓　许开冲
主　审　景　广

北京理工大学出版社
BEIJING INSTITUTE OF TECHNOLOGY PRESS

内容简介

《无人机维修技术》作为无人机维修系列的入门图书，改变传统教学模式，以"装调检修"为主线，紧紧围绕完成工作任务的需要，并以无人机维修项目为载体，以真实施工案例，设计教学活动，强化实训实操，结合职业能力，培养学生的实践动手能力，以使学生能够适应职业岗位的要求。将帮助未来从业者和爱好者系统了解无人机维修应用的相关知识及基本技能。本书介绍了无人机维修的基础知识，全方向、多维度地涵盖无人机维修技能的各个环节。

本书既适合作为高等院校、高职院校无人机应用技术及相关专业基础教材，也可作为无人机爱好者和专业从业人员的自学教材。

版权专有　侵权必究

图书在版编目（CIP）数据

无人机维修技术 / 王博华主编. -- 北京：北京理工大学出版社，2023.11（2024.10 重印）

ISBN 978-7-5763-3132-5

Ⅰ.①无… Ⅱ.①王… Ⅲ.①无人驾驶飞机-维修-高等学校-教材 Ⅳ.①V279

中国国家版本馆 CIP 数据核字（2023）第 227575 号

责任编辑：张鑫星　　　**文案编辑**：张鑫星
责任校对：周瑞红　　　**责任印制**：李志强

出版发行 / 北京理工大学出版社有限责任公司
社　　址 / 北京市丰台区四合庄路 6 号
邮　　编 / 100070
电　　话 / （010）68914026（教材售后服务热线）
　　　　　　（010）63726648（课件资源服务热线）
网　　址 / http://www.bitpress.com.cn

版 印 次 / 2024 年 10 月第 1 版第 2 次印刷
印　　刷 / 北京国马印刷厂
开　　本 / 787 mm×1092 mm　1/16
印　　张 / 9.25
字　　数 / 209 千字
定　　价 / 32.00 元

图书出现印装质量问题，请拨打售后服务热线，负责调换

前　言

为贯彻落实党的二十大精神，落实立德树人根本任务，适应当前经济社会对无人机维修行业高素质劳动者和技术技能人才的需求，深化产教融合校企合作，推动人才培养模式改革及信息化教学革新，体现岗课赛证综合育人理念，旨在为无人机维修行业培养一大批掌握理论知识与诊断技能、德才兼备的高素质技术技能人才，我们组织教师共同编写了这本书。

《无人机维修技术》作为无人机维修的入门图书，将帮助未来从业者和爱好者系统了解无人机维修应用的相关知识及基本技能。本书主要介绍了无人机维修的指导思想、维修理论、维修方式方法；常用的检修工具、修理工具、测试工具的使用方法；无人机常用材料如碳纤维、玻璃纤维的特点；机体常见损伤的类型与检测方法；无人机航电系统、控制设备的维修与保养工作；无人机配电、用电设备的维修与保养工作；动力系统的维修与保养工作；任务设备的维修与保养工作；运行前检查、运行安全操作流程及试飞操作流程等内容。本书适用于在校高职以上的学生、无人机驾驶员、无人机机长、无人机教员、AOPA取证训练的学员以及爱好无人机的其他人员。

本书由王博华统稿，王博华负责项目一的编写，王朋飞、贾婷婷负责项目二的编写，胡少华、赵月娇、王志广负责项目三的编写，马晓、王博华、许开冲负责项目四~项目六的编写。全书由王博华编写大纲，由王朋飞对全书进行补充、审定。景广担任主审。

本书是无人机系列丛书之一，在编写过程中得到了许多专家的鼎力支持，在本书编写过程中，参照和引用了部分著作文献及文献资料，在此一并表示深深的感谢。

由于编写水平有限及时间仓促，书中难免有不足之处，恳请读者批评指正。

编　者

目　录

项目一　认识航空维修基本知识 ·· 1

　　项目导入 ·· 1
　　任务 1.1　熟悉航空维修环境 ·· 2
　　任务 1.2　练习航空修理方式 ·· 10
　　任务 1.3　熟悉航空修理方法 ·· 17

项目二　维修常用的工具与器材学习与应用 ·· 27

　　项目导入 ·· 27
　　任务 2.1　认识无人机常用维修工具 ·· 28
　　任务 2.2　使用无人机常用检测工具 ·· 39
　　任务 2.3　熟悉无人机常用维修器材 ·· 46

项目三　认识无人机的机体结构 ·· 55

　　项目导入 ·· 55
　　任务 3.1　固定翼无人机机体结构维修 ·· 56
　　任务 3.2　无人直升机机体结构维修 ·· 65
　　任务 3.3　认识多旋翼无人机 ·· 73

项目四　无人机导航与系统维修 ·· 81

　　项目导入 ·· 81
　　任务 4.1　认识无人机飞行控制系统和导航 ·· 82

任务 4.2 无人机导航及系统维修 ··· 88

项目五 无人机动力系统维修 ··· 95

  项目导入 ··· 95
  任务 5.1 燃油类发动机维修 ··· 96
  任务 5.2 多旋翼无人机动力系统及维修 ·· 104

项目六 无人机其他系统维修 ··· 113

  项目导入 ··· 113
  任务 6.1 无人机通信系统维修 ··· 114
  任务 6.2 植保无人机任务载荷维修 ·· 121
  任务 6.3 航拍无人机任务载荷维修 ·· 131

项目一　认识航空维修基本知识

 项目导入

维修的概念源远流长，航空维修更是维修领域中起步较早、要求较高、发展迅猛、成就显著，以及体系规范、技术十分先进的一个分支，形成了各类产业全球化的维护、维修产业。航空器在使用过程中长期受高载荷及恶劣环境作用，其组成部分不可避免地会出现退化、故障和失效，从经济、安全、质量和效率方面需着重考虑。

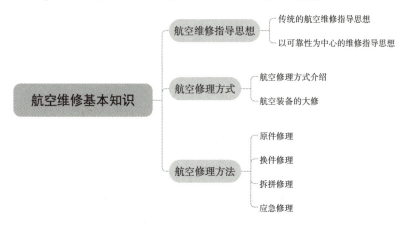

任务 1.1 熟悉航空维修环境

任务导入

"我们最近在改装黑匣子,增加录音记录时间和读取的便捷性。"丁金亮一身"天空蓝"工装、黑框眼镜,言辞内敛,只有谈起工作他才打开话匣子。相较于飞行员和空中乘务员,飞机维修工程师或许让人感觉颇为神秘,他们极少出现在公众视野里,默默躲在幕后精雕细琢、分秒必争。厦门航空公司飞机维修工程部福州维修基地技术处经理丁金亮就是这群"飞机医生"中的一员。

20 年来,机身的数万个零部件、驾驶室内的精密仪表仪器,丁金亮早已烂熟于胸。在他看来,停机坪就像是一间急诊室,他的工作就是为飞机"问诊把脉",守护乘客平安。请你阅读丁金亮的维修经历,按要求及时完成相应的工作任务。

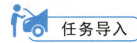

1. 告知专业人士航空维修的概念。
2. 告知专业人士维修器材的目的和作用。
3. 向专业人士详细解释预防维修工作的实际要求。
4. 向专业人士进行详细解释预防性修理工作类型,并进行必要的操作演示。

任务目标

1. 掌握航空维修基础知识能力并能用专业知识与专业人士进行沟通。
2. 熟练掌握维修器材。
3. 熟练掌握查阅航空维修手册的方法。
4. 养成认识问题、分析问题和解决问题的能力。
5. 养成厚植航空报国的爱国情怀。
6. 养成青年技能工匠的精神,为产品维修的质量保驾护航。

一、知识链接

1. 航空维修

航空维修是指航空装备为保持、恢复其规定的技术状态所进行的所有活动,是航空装备作战能力生成和发展的重要保证。航空装备的科学维修，是以科学的维修理论为指导，以科技进步为依托，采取科学的方法，组织的合理、适度、有效的维修。其目的是保持、恢复和改善装备的可靠性，是使飞机保持完好状态而进行的活动。

2. 预防保障

以可靠性为中心的维修指导思想是现代航空维修理论的核心内容。航空装备的可靠性，是指航空装备在规定的条件下和规定的时间内完成规定功能的能力。随着修理工作的不断完善，人们认识到有些装备的故障，不论做多少工作，仍然是不能预防的，某些装备过分强调定时修理、大拆大补，反而可能诱发许多人为故障，降低装备的效能。因此，不能仅依靠多做工作这一办法来预防故障，而应在修理质量、效率、经济和机动性等方面进行研究和改进。

3. 飞机检修四个级别

1）A级检修

这种检修每500~800飞行小时就要进行一次，通常需要20个人工小时，如图1-1所示。飞机通常在机场过夜完成此项检查。检查内容取决于飞机类型、起飞降落周期数和上次检查后的飞行小时数。

2）B级检修

B级检修每4~6个月进行一次，每次检修需要花费150个人工小时，如图1-2所示。B级检修有时会化为多个A级检修，如一次B级检修可能包含了A-1~A-10的检修项目。

图1-1　A级检修

图1-2　B级检修

3）C级检修

C级检修每15~21个月进行一次，或者特定数目的飞行小时后执行，如图1-3所示。其具体时间由飞机制造商决定。C级检修比前两种检修要复杂完整得多，飞机的几乎所有部位都要检修。根据规定，检修期间飞机将暂停使用，并在完成前不得离开检修区域。C级检修也要占用大量的空间，并且至少需要1~2个星期完成，总工作量达到6 000个人工小时。这种检修步骤繁多，因飞机不同而不同。

4）D级检修

D级检修是目前最为完整全面的飞机维修检查手段，又称为"重大维修检测"

（HMV），如图 1-4 所示。飞机平均 5~6 年进行一次重大检修，这种检修会将整架飞机拆解并分解维修。如果有要求的话，飞机涂装将被完全清理，以检测机身的金属表面，因此飞机若需更换涂装时通常利用 D 级检修时一并实施。这样的检修需要花费 40 000 个人工小时，通常需要 2 个月的时间。同时，D 级检修也需要特定的维修基地来进行。由于这种检修的复杂程度，它也是一种最昂贵的检修方式，通常每一次要花费数百万美元。

由于 D 级检修的巨大花费，拥有大量客机的航空公司通常会提早计划 D 级检修。另外，很多航空公司会选择在飞机到达检修年限之前就让其退役，以节约 D 级检修的巨大成本。平均而言，一架商业客机会进行 2~3 次重大维修检测，之后退役。

图 1-3　C 级检修

图 1-4　D 级检修

4. 航空器维修一般安全规定

维修人员由于工作性质和场地不同安全要求也不同，一般安全规定是维修人员应该遵守的基本规则。一般安全规定包括：

（1）所有维修人员进入工作区域，必须佩戴与工作或通行区域相符的有效证件，证件不得涂改和转让他人，发现丢失立即报告。无关人员不得在工作现场逗留。

（2）维修人员在工作现场通行时应按照规定路线行走，不得妨碍航空器和车辆通行。接送航空器或指挥航空器试车必须在规定的区域位置。

（3）维修人员从事维修工作要遵守现场的规章制度，工作现场不许吸烟、嬉闹和随意扔杂物。

（4）维修人员工作时应按规定使用劳动保护用品。在客舱内工作时，穿着的工作服、手套应整洁，鞋底无油污、污物，座椅应套上防护罩，过道地毯上应有垫布或穿上鞋套，不得随意踩踏座椅。

（5）在机翼、机身上工作时，要穿工作鞋或者垫上踏布。在机翼上只能在规定部位行走，在发动机、起落架舱、设备舱等部位工作时只能站在允许踩踏的部位，在任何情况下不能穿带钉鞋在航空器上工作。

（6）维修设备，如工作梯、千斤顶、拖把及各类特种车辆必须保持完好和清洁，工作结束后应按规定放回到规定的区域内，动力设备应将动力源关断，备有制动和稳定装置的设备应将其放在规定的状态。禁止使工作梯、特种车辆直接接触航空器（除客梯车外，其他车辆与航空器的距离不应小于 10 cm）。

（7）在航空器外部高处工作和在有冰、雪、霜的航空器表面工作时，维修人员必须按规定系上安全带，避免跌落受伤。

（8）工具要三清点，即工作前清点、工作场所转移时清点、工作后清点。工具三清点是为了防止工具遗失在航空器和发动机上。如发现工具缺少，在不确定是否遗失在航空器上之前，不得放行航空器。

（9）维修人员应熟悉在紧急情况下自救和处理意外事故的方法。

二、技能链接

1. 查阅航空维修手册

以预防为主的维修指导思想称为传统的维修指导思想，如图 1-5 所示。这种传统的维修指导思想基于人们对机械故障的一种认识，航空装备的安全与可靠性密切相关。每一个装备在使用和保存过程中，可靠性总是随时间的增加而降低。因此必须对装备进行检查并定期修理，才能使装备保持和恢复可靠性。而检查、修理间隔时间的长短和修理深度是控制装备可靠性的重要因素，如图 1-6 所示。

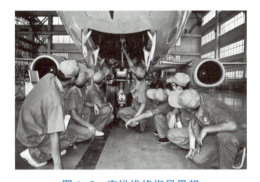

图 1-5　宣讲维修指导思想

图 1-6　航空装备维修

2. 完成装备紧固件的维修

维修的目的是在平时以最小的经济代价来恢复装备的固有可靠性与安全性；在急需时采取应急措施以最快的速度恢复装备的固有可靠性与安全性，如图 1-7 所示。

图 1-7　定期检查修理

3. 完成预防维修的操作

预防维修能够预防和减少功能故障的次数，但不能改变故障的后果。预防性维修主要是在航空设备还未出现故障时，对设备进行定期保养与保存数据的维修工作。它可以有效延长设备的使用时间，也可以使设备在正常状态中运行。各小组主要分析航空设备预防性维修的重要性，从而减少航空设备的故障发生率，为中航工业带来更多的经济与社会效益。

三、案例

2016年4月第九届国际飞机维修技能大赛在美国达拉斯举行，与美西南、美联航、澳大利亚快达等国际航空公司同台竞技。

南航作为本届中国唯一一支参赛队伍，派出包括李辉在内的5名机务工程师参赛，李辉一举夺得"泰勒传记笔试"和"飞机导线制作"两个单项冠军。其中，英语语言类泰勒传记项目，李辉用时7 min 17 s打破赛事记录。

凭借队员的稳定发挥，南航获得本届大赛"国际组"第一、"商业航空组"第三、"大赛总排名"第四的好成绩，这个成绩相当于是飞机维修师中的"奥林匹克冠军"。在国际舞台上充分展示了中国航空公司飞机维修人员的精湛技艺和良好风貌。而在李辉的眼里，南航飞机维修技术已经达到世界先进水平，为航班安全运营提供了保障。

2004年，李辉从广州民航职业技术学院毕业后加入南航深圳分公司，在飞机维修厂工作，坚持钻研学习。

2004至今，从机械员到飞行放行工程师，从发动机工程师到深圳飞机维修厂技术培训室副主任。这一路，他从未停止学习。2009年，他在职攻读了南京航空航天大学的飞行器动力工程专业，获得飞行器动力工程学士学位。大学毕业时他已经通过了国家六级考试，应对维修工作中的英文文件资料已绰绰有余，但他一直没有放弃利用业余时间通过多听多看英文原声演讲和访谈的方式加强学习和锻炼，为机务工作的升级转型和国际化战略做好准备。而这些年间，他翻阅了大量的国际和国内专业资料，并对相关经验进行总结，学习从未止步，专注于创新研究。

2010年，他和同事们对V2500和TRENT700发动机的所有孔探检查项目逐一制定了详细的、有针对性的《孔探标准化作业规范》。他和他的团队创立的孔探标准化管理模式，成了南航《发动机管理十项措施》重点内容，并写入了民航局《加强发动机管理 预防发动机空中停车指导意见》中。

2011年，李辉利用半年左右的时间，系统收集、整理了V2500发动机从最前端的风扇整流罩到最后端的尾喷口，几乎每个部件的故障缺陷特点、图片和处理经验（资料收集自深圳公司、南航其他分子公司、发动机厂家等），最终编辑成系统教材——《V2500发动机维护风险点的控制与管理实用指南》，对减少发动机维护人为差错、预防发动机空中停车提供了新的管理思路和解决方案，成就了人生之不平凡。

这些年他凭借一往无前的定力和百折不挠的勇气，不间断地苦心钻研、勤奋学习、持续创新、辛勤付出，终于站上了更大的舞台做出更多的贡献。于他而言，管理岗并不是奋斗的终点，国际赛事的冠军也不是止步之处。真正能学以致用，用自己精湛的专业才能和追求卓越的钻研精神，在更大的平台上为南航机务做贡献，才是他人生之价值所在。

在 2012 年，深圳维修厂通过孔探检查，发现发动机内部缺陷并及时更换了 10 台 V2500、1 台 TRENT700 发动机和 3 台 APS3200 型 APU，有效避免了因内部损伤恶化导致的空中停车等严重隐患。尤其值得一提的是，2012 年 10 月 21 日三亚基地 B-6588 飞机左发动机遭遇鸟击，在深圳短停检查期间发现低压压气机 1.5 级叶片存在多处叶尖卷曲、缺损等严重损伤，并立即原地换发动机，成功避免了一起潜在的空停事件。正是基于孔探标准化的严格执行和落实，才使缺陷得以及时发现并排除。

李辉还是一名积极的志愿者。2011 年，在深圳公司工会承办的贫困山区学子走入民航的公益行动中，他曾为学生们上了一堂精彩纷呈的机务知识课。2014 年 6 月，他作为青年志愿者来到了南航对口帮扶的广东省普宁市南溪镇玉滘村玉滘学校，为孩子们上了一堂别开生面的航空知识科普讲座。

李辉常常和同事们开玩笑说："志愿者是条不归路"，作为航空知识进课堂的"专业教员"，他又陆续将航空知识带进了北师大附中、南山托幼中心等中小学校园，播撒知识的同时，也为传递南航负责任国企的形象贡献了力量。

 任务实施

（1）课前准备。

各个小组学生完成老师发布的课前预习工作，通过书籍及上网查阅资料了解航空维修指导思想。

（2）任务引导路径。

① 谈谈你对"预防"维修指导思想的看法。

② 以可靠性为中心的维修指导思想都有哪些要点呢？完成表 1-1。

表 1-1 以可靠性为中心的维修指导思想

要点	主要内容

（3）根据提供的器械信息，随机选出 5 件工具，并填表 1-2。

表 1-2　工具

序号	工具或物料名称	规格型号	数量	备注
1				
2				
3				
4				
5				

（4）检查、修理间隔时间的长短和修理深度是控制装备可靠性的重要因素。
出现问题：_____　　解决措施：_____
_____　　　　　　　_____

（5）以 Flash 动画讲解形式引入无人机维修，助力中国航空无人机维修科技化。
出现问题：_____　　解决措施：_____
_____　　　　　　　_____

（6）发布头脑风暴任务，以小组形式搜索中国航空维修失败的案例。
出现问题：_____　　解决措施：_____

（7）维修设备通电测试，并填表 1-3。

表 1-3　维修设备通电测试

序号	检测内容	自检情况	备注
1	目测电源指示灯是否亮		
2	维修零部件后通电是否正常		
3	操作按钮盒按钮，检查飞机各部位是否工作		
4	目测机翼指示灯是否亮		
5	测试前起落架是否正常运行		
6	检测机内气密性		
7	检测挡风玻璃是否完好		

思考与练习

一、判断题

1. 航空装备维修是为了使飞机保持完好状态而进行的技术活动。（　　）
2. 以可靠性为中心的维修指导思想是指维修时只用保证飞机的可靠性。（　　）

二、填空题

装备的固有可靠性是由_____所确立、通过_____来实现的。

三、简答题

以可靠性为中心的维修指导思想有什么特点？请简单说说。

任务评价如表 1-4 所示。

表 1-4　任务评价

姓名		学号				
评价方面	评价内容	评价方式				
		分值	自评	互评	师评	合计
职业素养 （30 分）	课前准备	6				
	责任意识	6				
	任务实施流程	6				
	组内分工	6				
	安全事项	6				
专业能力 （60 分）	对维修指导思想的理解	15				
	对可靠性维修的理解	15				
	预防维修的目的	15				
	对航空维修的理解	15				
创新意识 （10 分）	创新性思维和行动	10				
合计		100				
综合得分						

任务1.2　练习航空修理方式

任务导入

"90后"小姐姐赵灼莹,是海航技术(云南)维修支援中心的工具管理员。2016年加入海航的她,作为维修支援体系仅有的两名女员工之一,负责飞机维修用消耗品、化工品、印刷品耗材的管控、采购,日常工具耗材的送修,支援后勤保障工作及大修的各类事项。

"尽管女机务很少,但是女性有着独特的优势,比如细致、耐心。"在赵灼莹看来,民航维修工作尽管辛苦,常与机械、油污、风雨、通宵打交道,但也有着自己独特的魅力。"民航维修工作培养了所有机务人高度的安全责任意识,同时也很锻炼人的逻辑分析能力和动手实操能力,我们都是'实干家'。"请你根据维修支援中心的"90后"小姐姐工具管理员的需要,按要求及时完成相应的工作任务。

任务要求

1. 掌握航空维修方式的步骤。
2. 告知专业人士维修的目的和作用。
3. 告知专业人士不正规的维修方式产生的后果。
4. 能够分析各种维修方式的利弊端。
5. 懂得正确选择预防性修理工作方式。

任务目标

1. 加强对航空维修方式基础认知能力,能用专业知识与客户进行沟通。
2. 加强对维修器材的各种方式熟练度。
3. 养成认识问题、分析问题和解决问题的能力。
4. 学会查阅航空维修方式手册的方法。
5. 养成对航空安全的注意事项。
6. 养成沟通协作的团队能力。

任务学习

一、知识链接

随着飞机制造高新技术的综合应用,飞机维修逐渐由过去以单一的机械故障维修为主转向机电、数字乃至人工智能等多种高技术维修上来，故障表现出现了多样性、关联性和复杂性，维修难度也随之提高，因此，对故障根源的精确判断就显得格外重要，引入高新技术的维修方式将不可避免。

1. 维修时限的可变性

Y5B 型飞机维护大纲规定：每飞行 600±50 次起落或 900±50 次起落，应重复 300 次起落。根据农林作业飞机起落多、连续飞行时间长的特点，其起落定检频繁、间隔短，不符合农林飞行作业的实际情况。由于 Y5 和 Y5B 两种机型的起落架型号、件号、材料和维护内容等基本相同，仅是起落定检间隔次数不一致，鉴于 Y5 型飞机起落定检的工作内容、间隔次数等更全面、细致，更具有科学性、可操作性，因此，Y5B 型飞机起落定检完全可以参照 Y5 型飞机起落架定检要求进行，即 500±50 次、1 000±50 次和 2 000±50 次。

2. 维修方式的可变性

Y5 型飞机甚高频电台 MTX-1 天线，按要求，首次翻修为 1 500 飞行小时，日历时限 2 年，天线使用寿命为 10 000 飞行小时。天线使用时限到后应进行性能测试和检查，合格继续使用，不合格进行修理或更换。根据 MTX-1 天线自 1993 年以来的使用情况分析，其工作正常，外场维护按工作单进行视情维修是完全可行的。据此，可上报适航部门把 Y5 型飞机 MTX-1 天线的定时维修改为视情维修。

3. 维修方式的分类

飞机的维修方式分为定时方式、视情方式和监控方式。如图 1-8 所示为工作人员维修飞机发动机。

图 1-8　工作人员维修飞机发动机

4. 三种常用的维修方式

1）陆地维修

在飞行器没有飞行的时候进行维修，这是最方便最安全的，如图 1-9 所示。

2）自我矫正维修

飞机在飞行当中进行内部参数的自我矫正方式，从错误选项修改为正确选项的自我矫正模式，如图 1-10 所示。

无人机维修技术

图1-9 陆地维修

图1-10 自我矫正维修

3）空中对接维修

飞行器和飞行器之间相对静止的时候进行维修，操作系数相对较大，危险程度偏高，一般在非紧急情况下不采取空中对接维修，如图1-11所示。

5. 采用科学维修方式的意义

图1-11 空中对接维修

（1）在减员增效改革的新形势下，特别需要维修工作量小、效率高的维修方式来确保航空维修工作的完成。

（2）合理的维修方式可以提高飞机的利用率，减少飞机停放时间。

（3）可减少备份航材的需求量。

（4）减少不必要的人为因素损耗机件。

（5）维修方式中的监控维修方式和视情维修方式不仅可以提高维修单位可靠性管理水平，而且还提高了维修单位的整体维修能力。

二、技能链接

1. 定时方式的维修操作

定时方式维修是给机件规定一个时限，当该机件使用到这个时限，不管机件是怎样的技术状态，即使未产生任何故障，也必须进行翻修或更换工作的方式，如图1-12所示。每个机件工作时都会出现磨损，磨损到一定程度就会引起故障，设备的可靠性与使用时间都有直接的关系，故障率随时间的变化划分为早期故障期、偶发故障期和耗损故障期，因而根据经验确定一个最佳拆修间隔期，则能够有效确保设备的可靠性。定时方式维修的优点是可以预防那些不拆卸就难以发现的故障和预防故障所造成的后果，其缺点是其针对性、经济性较差，需较大的工作量。

图1-12 定时方式维修

2. 视情方式的维修操作

视情方式维修是指有计划地定期检查装备的技术状态，当机件有功能故障征兆时，即进行拆修的方式，如图 1-13 所示。视情方式维修是基于这样一个事实：大量的故障不是瞬发的，从故障发生发展到最终状态，总有一段出现异常现象的时间，且有征兆可寻。

3. 监控方式的维修操作

监控方式维修是依靠收集分析机件总体的故障信息和对机件在使用中的状况进行连续监控而决定修理措施的方式，如图 1-14 所示。由于分析和监控的内容都是已经发生情况的事后数据资料，而且有了这种监控，机件可以使用到不能再继续使用为止，因而这种方式也称事后监控方式。

图 1-13 视情方式维修

图 1-14 监控方式维修

三、案例

737NG 飞机燃油量指示异常

2019 年 10 月 9 日，B-17××飞机珠海—宁波段机组卫星电话反馈中央油箱油量指示波动，宁波落地后指示正常，FQIS 测试正常，FQIS 自检当前正常无代码，历史有故障代码 28-41308（Compensator Data Bad）、28-41303（Tank Unit Short/>Full），检查 D4850J 插头插钉正常、无松动无内缩，检查 W5580 线束 D4850J 端屏蔽层正常紧固无松动，多次晃动 W7580 线束 D4850P 端与 W5580 线束 D4850J 端均未再现故障，依据 FIM 测量 D11308 pin8-D11316 pin1 电阻为 0.9 Ω，D11308 pin23-D11316 pin3 电阻为 1.0 Ω，D11308 pin22-D11316 pin2 电阻为 0.9 Ω，测量 D11308 pin9-D11316 pin1 的 HI-Z 屏蔽层电阻为 2.3 Ω，测量 D11316 pin1-D11316 pin2 电阻为无穷大，D11316 pin1-D11316 pin3 电阻为无穷大，均符合手册标准。11 日停场分解 D4850J 插座，退出 pin31、pin32、pin33 插钉后，发现 pin31 和 pin33 两根屏蔽线松脱，重做 pin31 和 pin33 屏蔽线和插钉，同时退出其他插钉，对导线、插钉、插座孔进行清洁，恢复插座，测试正常。

2019 年 11 月 26 日，53××天津航前机组反馈左油箱油量指示时有时无，FQIS 自检有故障代码 28-41115（Arinc Output Bus Failed），整机断电后油量显示正常，后续航段正常。航后更换 FQPU，继续观察。

2021 年 4 月 17 日，B-60××飞机长沙过站机组反馈起飞后中央油箱显示空白，飞行 45 min 后自动恢复正常，地面显示正常，FQIS 自检当前正常，有历史代码 28-41301 1（Or More Tank Unit Open），后续航班正常，天津航后晃动线束故障未再现，清洁电插头，测试正常。

2021 年 4 月 18 日，长沙航后落地后中央油箱再次显示空白，自检有历史代码 28-41301 1（Or More Tank Unit Open），后续地面自动恢复正常，测量导线电阻及屏蔽层绝缘性正常，检查电插头无异常，FQIS 自检正常，晃动线束故障未再现，更换 FQPU，测试正常。

2021 年 5 月 22 日，西安航后机组反映下降过程中中央油箱油量和总油量指示消失 2 min 左右，FQPU 自检有历史故障代码 28-41301 1（Or More Tank Unit Open），检查 D11316 和 D4850 插头正常，晃动插头插座故障未再现，更换 W7580 线束。

2021 年 5 月 26 日，天津停场检查 W5580 线束，并清洁 D4850 插头。

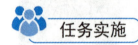
任务实施

（1）课前准备。

各小组同学完成老师发布的课前预习工作，通过书籍及上网查阅资料了解航空维修中的大修的实际操作意义。

（2）任务引导路径。

① 大修时修理深度可分成哪几个等级？

② 首次大修时限分为哪几种？

③ 飞机维修方式有哪几种？

（3）请列出五种维修方式，并填表 1-5。

表 1-5 维修方式

序号	维修方式	维修所用到的工具	数量	备注
1				
2				
3				
4				
5				

（4）请列举七种维修部位所对应的维修方式，并填表1-6。

表1-6 维修部位对应的维修方式

序号	维修部位对应的维修方式	自检情况	备注
1			
2			
3			
4			
5			
6			
7			

（5）以讲解形式引入使用违规航空维修方式所带来的后果。
出现问题：_____   解决措施：_____
_____   _____

（6）以讲解形式引入各种航空维修方式，助力中国航空科技文化。
出现问题：_____   解决措施：_____
_____   _____

（7）发布头脑风暴任务，以小组形式即时搜索中国航空维修使用方式不对导致受伤的案例。
出现问题：_____   解决措施：_____

思考与练习

一、判断题

1. 为了预防故障和保证安全，要在机件磨损达到一定限度之后，对其进行拆卸检修。（   ）

2. 定时方式的主要优点是以时间确定检查周期，便于组织、计划及掌握，管理比较简单。（   ）

3. 机件发生故障对飞机安全有直接危害，并有状况恶化参数标准可供监控设备检测。（   ）

二、填空题

1. 大修时的检查比其余各级修理时的检查_____、_____。
2. 故障后果分为_____、_____、_____、_____。

三、简答题

目前航空维修的方法有哪些？

任务评价

任务评价如表1-7所示。

表1-7　任务评价

姓名			学号			
评价方面	评价内容	评价方式				
		分值	自评	互评	师评	合计
职业素养 （30分）	课前准备	6				
	责任意识	6				
	任务实施流程	6				
	组内分工	6				
	安全事项	6				
专业能力 （60分）	故障后果	20				
	三种维修方式	20				
	大修时的检查	20				
创新意识 （10分）	创新性思维和行动	10				
合计		100				
综合得分						

任务1.3 熟悉航空修理方法

任务导入

20多年来,刘宇辉坚持"创新驱动发展、科技引领未来"的理念,发扬工匠精神,在科技创新的道路上不断向前,助力机载电子化系统关键技术基础平台建设,为推动中国民航的高质量发展贡献力量。

刘宇辉设计并完成了基于电子化系统及其设备架构的,面向新一代电子化飞机的工程数据管理系统,打通了机载信息系统软件生命周期控制及其硬件系统有效性/完整性控制的工程管理全流程节点,为下一代面向整机全生命周期数字化工程管理系统提供了原型参照;建立起全方位飞机故障跟踪与诊断机制、飞机位置信息灵活追踪机制、动力系统燃油监控管理机制等,以大数据为依托不断拓宽维修数据裕度,为实现精准维修、进一步降低维修成本、提高企业经营效益做出积极贡献。请你阅读刘宇辉的工作经历,按要求及时完成相应的工作任务。

任务要求

1. 根据航空维修的概念判断该维修的类型。
2. 告知专业人士维修器材的目的和作用。
3. 向专业人士详细解释预防维修工作的实际要求。
4. 详细解释预防性修理工作类型,并进行必要的操作演示。

任务目标

1. 加强对航空维修方法的理解。
2. 掌握对维修方法的精确定位。
3. 养成认识问题、分析问题和解决问题的能力。
4. 掌握正确的维修方法并加强学生对航空安全的注意事项。
5. 按照岗位责任与要求,文明用语、礼貌待客。
6. 养成航空语言素养及团队合作能力。

任务学习

一、知识链接

航空修理方法的基本知识涉及多个方面,包括飞机结构、动力系统、维修种类、维修材料和工具、电气和电子维修以及机械维修等。

飞机结构是航空修理中的重要部分,通常包括金属材料、复合材料、塑料及其他特种材料。飞机的主要部件有机翼、机身、尾翼、起落架、发动机及机载设备等,这些部件在飞机的结构中起着不同的作用,是飞机安全飞行的关键组成部分。飞机气动布局也是需要考虑的因素,它指的是飞机的前进气流经各个部件、构件后所产生的气动力状况。

在动力系统中,民航飞机的动力系统通常包括活塞发动机、涡轮螺旋桨发动机和喷气发动机。发动机的工作原理对飞机维修人员来说非常重要,同时,发动机在使用过程中可能会产生各种故障,如启动故障、润滑系统故障、燃油系统故障等,这些都需要及时检修。

航空维修的种类主要包括例行检查、故障排除和大修。大修是对飞机的重大部件或系统进行更换或修理。维修人员需要熟悉各种维修材料和工具的种类和使用方法,包括各种金属、塑料、橡胶和复合材料等,以及手工工具、电动工具和特殊维修设备等。

电气和电子系统是现代飞机不可或缺的部分,维修人员需要了解飞机的电气系统和仪表以及各种传感器和控制器的原理和功能。电气和电子维修包括对电路故障的排除、电缆的维修、仪表的校准和电源系统的检查。

机械维修也是航空维修的重要内容,维修人员需要了解机械部件的原理和功能,以及各种机械系统的工作原理。机械维修包括对发动机、轮胎、起落架和舵面等部件的检查和维修。

总的来说,航空修理方法的基本知识涉及多个领域,包括飞机结构、动力系统、电气和电子系统以及机械系统等。维修人员需要具备广泛的知识和技能,以确保飞机的安全和正常运行。

二、技能链接

1. 原件修理的操作

原件修理是指在现场利用有效的措施恢复损伤单元的功能或部分功能,以保证飞机完成当前任务或自救,如图 1-15 所示。原件修理可以在较短的时间内使飞机能够再次出动执行任务。原件修理的方法有多种,传统的有清洗、清理、调校、矫正、冷热校正、焊接、铆接、栓接等;新式的有刷镀、喷涂、黏结、涂覆和等离子焊接等方法。针对飞机具体的损伤部位,可以采用其中一种或多种方法进行修复。

2. 换件修理的操作

换件修理是利用性能上具有互换性的单元或原材料、油液、仪器仪表替换受损伤的物件,以恢复装备的基本功能或自救,如图 1-16 所示。换件修理是紧急抢修中经常采用的一种方法,具有以下优点:

(1) 节约修理时间、工具设备和人力。

(2) 故障判断的步骤简要明确,困难较少。

(3) 对修理环境、人员的熟练程度要求较低,可在野外条件下快速修复。

图 1-15 原件修理的操作

图 1-16 换件修理的操作

3. 拆拼修理的操作

拆拼修理是指拆卸同型或不同型装备上接口、支座相同的类似部件或单元,替换损坏的部件或单元,即同型拆换与异型拆换,如图 1-17 所示。类似部件或单元可来自本飞机的非基本功能部分、同类型飞机相同部件和其他型号飞机或装备。

4. 应急修理的操作

应急修理是当修理现场由于人力、物力和时间等条件限制,允许按规定放宽使用标准或限制使用范围,而暂不考虑飞机长期使用的一种修理方法,如图 1-18 所示。应急修理可分为替代和重构两种方法。替代是指用性能上有差别的单元、仪器仪表、工具、原材料、油料替代损伤或缺少的物件,以恢复装备的基本功能或部分功能。将损伤飞机重新构成能完成基本功能或执行当前任务技术状态的过程称为重构。

图 1-17 拆拼修理的操作

图 1-18 应急修理的操作

在具体的维修工作开展中,为了达到高效、高质量的维修目标,需要做好以下几个方面内容。

(1) 与传统维修技术相结合。

在科学时代背景下,飞机维修技术逐渐地实现了智能化,但是在具体维修作业阶段需要结合传统技术进行维修才能实现高效率的维修工作。同时,该项工作实施阶段,还需要按照预防为主的原则开展。此外,对于传统的民航飞机维修技术来说,其作用在于对飞行中设备出现的问题采取及时的措施进行处理，而在技术上则依靠维修经验。但是在科学技术不断发展的背景下，飞机各个部位的质量越来越好，所以，在故障排除维修上，需要借鉴以往的工作经验，合理地使用科学技术手段提升整体维修工作质量。

（2）引进先进的科学技术。

先进的科学技术是保证飞机维修工作有效开展的基础，例如，在维修过程中，构建健全的数据信息表，并且在每次仪器检测时将数据统计归纳整理，从而给后续的工作奠定基础。另外，在数据分析环节，当排除故障分析方式作业时，则需要详细地做好数据的分析处理，从而保证后续维修工作能够对故障存在位置进行判断，方便维修工作的开展。

（3）做好换季的维修工作。

季节性是影响飞机运行的一大因素，同时也是导致飞机出现故障的因素之一。由于季节性的时间段不同，故而出现的故障点也存在差异性。一般来说，季节交替的时期是飞机出现故障最高的时间，这主要由于季节变化，相应空气的气流与温差出现变化，在不稳定的环境中飞行，飞机的部件就会出现损坏。所以，在维修阶段，工作人员需要考虑换季飞行的要求，做好季节性的检测工作。按照季节变化的实际情况，及时地更换零部件，保证飞机的安全性与稳定性达到需求。比如，相对于北方冬季的换季来说，其气候温度非常低，所以，必须要定期地对发动机的气道进行清洗。一般而言，在清洗的过程中，需要采用药水进行清洗：第一是对水系统进行常规的维护工作；第二是将低温对油液渗漏发生的质量问题降低，提升发动机管道的通畅性；第三，为了减少积雪进入飞机，在飞机的上半身位置需要将存在于进气口的积雪处理；第四，按照不同飞机的型号以及规格，定期安排除冰工作；最后在每年的2~3月定期将飞机进行系统的检查，确保飞机的起落架在降落之前能落地。

（4）采用现代化手段实施维修。

当代社会发展，很多东西都是电子化、智能化的。这种系统性的故障包含了机电故障、电子故障及数字技术故障。当前，在维修过程中，采用的技术也是在不断的更新，常见的有数字技术、计算机技术及微电子技术等。所以在维修领域中，工作人员需要对新工艺、新设备、新材料合理使用，从而将维修效果提高。

比如，当前的飞机都装载有监控功能和运行功能的系统，这种系统的应用能够切实地将故障问题诊断，既减少了维修成本又提升了维修效果。

（5）准确分析故障数据。

故障数据库是民航飞机维修阶段重要的一个基础，在维修阶段中，只有将故障准确分析才能不断地将故障排除。对于飞机中常出现的故障数据，维修人员可以将其作为培训资料，利用这种故障数据给出相应的处理措施，提升飞机的飞行能力与安全性。同时，在维修工作开展的过程中，通过对维修数据进行归纳整理，还能对当前阶段的维修情况进行评价，对工作人员的维修能力进行鉴定，从而方便后续工作的安排。此外，按照维修故障显示的数据，还能够精确地对飞行季节以及时间进行分析，从而构建针对性的维修计划以及策略。总的来说，在飞机维修的环节中，故障数据的应用具备广泛性，通过完善的数据库建设，就能实施动态维修作业，大大地提升了飞机安全性和稳定性。

（6）提高维修人员技术水平与做好维修回顾工作。

维修人员专业技能水平的高低直接影响飞机的安全性与稳定性，因此，企业在发展过程中需要对维修人员进行统一的培训，保证每个工作人员的专业能力得到提升。从而保证维修时可以针对性地将故障问题查找出来，且在最短的时间内排除问题。另外，对于相关维修仪器设备的使用也要求维修工作人员能够掌握使用方法，以保证维修工作效果得到提高。

在实践过程中，为了提升维修工作的效果，在每天维修工作完成之后，需要开展总体回顾工作。一般来说，回顾过程应该包含以下几点内容：第一，需要对当天维修作业的内容进行检查，查看是否存在疏漏的地方；第二，需要回顾维修作业的过程、维修工具以及相应设备交接工作是否完善；第三，需要对完成维修工作后的收尾工作进行回顾。

5. 讲解我国民航飞机维修新技术和新要求

近年来，我国在民用航空领域得到了较快的发展，不仅有大量新型国际民航飞机被引进，而且我国自主研发的新型支线飞机也越来越多地投入了运营。而这些新机型的引入和应用都对飞机的维修技术提出了新的要求。因此维修人员必须加强对新型维修技术方法的学习和掌握，不断总结维修经验，提高民航飞机的维修技术水平。

（1）引入先进的科学技术，如图1-19所示。为了适应民航飞机制造产业不断发展的趋势，必须不断引入先进的维修技术，如此才能保障维修质量，维护飞行安全。例如，构建民航飞机维修数据库，强化飞机运行故障分析的整理和汇编，将每次仪器检测获得的数据进行保存，同时运用故障树分析法对检测到的数据进行分析归纳，整合不同类型飞机故障信息和维修手段，为今后的检测维修工作提供参考依据。采用这种方法不仅可以结合实际数据对飞行运行中可能出现的危险进行提前预测，同时还能够为维修人员经验的积累提供帮助，促进其维修专业水平的提升，为民航飞机维修工作顺利高效开展奠定坚实的基础。再如，将计算机技术引入民航飞机维修中，通过计算机系统对民航飞机影响因素进行采集、归纳和分析，利用大数据挖掘技术掌握飞机维修效果以及维修后的安全性能。

（2）和传统维修技术进行有机结合，如图1-20所示。随着民航飞机维修行业的发展，维修作业中采用的技术也越来越先进，但这并不代表着所有传统维修技术都失去价值，如传统民航飞机维修中的预防原则就需要一直继承和保持下去。大部分传统技术面临淘汰的主要原因是民航飞机出现的故障和问题变得越来越复杂，飞机部件和工艺的复杂化发展使得传统维修技术不再适用。但是针对飞机飞行中具体问题做出相应维修处理的思路依旧具有价值。因此应该将传统技术去芜存菁，和现代高新技术进行有机结合，这样才能在保障维修质量的同时最大程度地降低维修成本。

图1-19　引入先进技术

图1-20　与传统维修技术结合

(3) 提升维修人员技术水平，如图1-21所示。民航飞机若是在高空飞行状态下出现故障，将引发极其严重的后果，只有保障维修质量，才能避免乘客的生命安全遭受威胁和损害。民航飞机维修人员的专业素质和技术水平对维修质量的影响十分显著，尤其现代民航飞机的构造越来越复杂，这就对维修人员提出了更高的要求。因此民航飞机维修企业必须要对广大维修人员进行专业化培训，使其全面认识民航飞机的构造，了解飞机原理，同时掌握先进的维修技术，不仅要拥有扎实的理论技术，还应具备丰富的工作经验，能够对一些简单的故障做出直接判断，明确故障出现的具体位置以及故障发生的原因，这样才能最大程度地保障民航飞机维修工作的有效性，实现民航飞机的安全飞行。

(4) 民航飞机维修的水平和质量将直接影响民航飞机的飞行安全，所以维修人员必须对维修工作的重要性有充分的认识，坚持以预防为主的维修原则，积极学习新型的飞机维修技术方法，如图1-22所示。不断总结维修经验，全面提高自身的维修技术水平，通过综合运用计算机技术、信息技术以及数字技术等先进的技术方法来构建完善的飞机信息系统，从而提高故障隐患排查的及时性和准确性，为民航飞机的安全运营提供可靠的保障。

图1-21 提升维修人员技术水平

图1-22 积极学习新型的飞机维修技术方法

三、案例

吊发换件

众所周知，飞机的发动机是提供飞行动能的"心脏"。一旦这个最关键的部位出现问题，将对飞行安全造成影响。受近日全国寒冬天气影响，飞机的"心脏"更需要严密检查与及时"治疗"。而这台"手术"需要将飞机发动机吊起后，再进行内部附件拆卸及更换。换完后，还需要把发动机吊装回原来位置并恢复为最初的完好形态。由于整个操作过程对机务人员技术需求度高、工作耗时长、操作难度大，因此，以往出现类似问题时，一般需要请外地专业技术团队前往本地支援或在外站完成吊发换件，才能解决这一难题。

2019年12月，南航贵州公司B-5468飞机因左侧发动机内部防冰管道出现裂纹亟待更换。在同年6月已取得换发资质的基础上，公司飞机维修厂立即成立由定检车间、南航技术人员、各车间科室共25名骨干组成的排故小组，迎接第一次吊发换件工作。

按照工作计划，小组于12月21日历时7小时顺利完成发动机吊挂推出和更换管道工作；次日，小组再次于5小时内将拆下的发动机进行重新安装。其间，小组成员严格按照

APS（生产有准备、施工有程序、工作有标准）这一理论要求，加强配合，全力克服了几度出现的发动机卡点不准确、力矩不均衡等"手术"中出现的状况及问题，在公司领导小组全程现场监督下，通过人力将发动机一点点磨合到正确位置，最终于22日高标准、高效率地圆满完成了此项工作任务。

"这次吊发换件工作的顺利完成，不仅可大幅节约飞机维修成本与人力保障耗时、拓展了本地业务交流与合作空间，也为2020年春运期间旅客顺利、安全、准点乘机出行，增添了更强大的飞行技术支持与保障助力。"维修领导小组表示，随着贵阳龙洞堡国际机场三期扩建规划工程及贵州省重点项目之———南航贵州生产保障区暨基地建设项目的推进建设，全省最大的飞机"三甲医院"（可停放两架C类飞机或一架E类飞机的飞机维修机库）也投入使用，能为更多往来贵州的飞机进行"心脏手术"。

任务实施

（1）课前准备。

学生提前预习本节内容，查询相关资料，做好笔记。

（2）任务路径。

通过了解各修理方式的优点，在航空器出现问题后，能准确地选择一种修理方式并按照其规则进行修理。

（3）任务引导，并填表1-8。

表1-8　各修理方式的优点

类型	优点
原件修理	
换件修理	
拆拼修理	
应急修理	

思考与练习

一、判断题

1. 完成重要修理和改装工作的航空器可以由维修单位授权的放行人员进行放行。

（　　）

2. 报废飞机上拆下的各种接头、支座、导管、电缆等可以用作修理飞机时的备件。

（　　）

3. 应急修理可作为一种长期的修理措施。（　　）

二、填空题

航空维修活动可分为_____、_____、_____和_____。

三、简答题

1. 航空器的维修方式主要有哪些？
2. 简述航空器维修中的潜在危险。

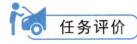

任务评价如表 1-9 所示。

表 1-9 任务评价

姓名		学号				
评价方面	评价内容	评价方式				
		分值	自评	互评	师评	合计
职业素养 （30分）	课前准备	6				
	责任意识	6				
	任务实施流程	6				
	组内分工	6				
	安全事项	6				
专业能力 （60分）	原件维修	15				
	换件维修	15				
	拆拼维修	15				
	应急维修	15				
创新意识 （10分）	创新性思维和行动	10				
合计		100				
综合得分						

拓展阅读

李政信，贵阳维修基地航线的一名年轻机务工作者，2007 年毕业于中国民航大学，现任国航股份工程技术分公司贵阳维修基地航线一级技术员，兼 6S 协调员。几年来，在基地领导班子的领导下，得到班组师傅的言传身教，以其崇高的职业使命感、爱岗敬业、努力学习、诚信做人、积极进取，以主人翁的责任感，心奉国航，塑造了新员工的榜样。2007—2009 年，被评为：国航股份贵阳维修基地抗凝冻保安全先进个人、国航股份贵阳维修基地优秀通信员、国航股份工程技术分公司奥运服务保障青年标兵、国航股份贵阳维修基地优秀共青团员、国航股份贵阳维修基地最佳新员工、国航股份贵州分公司新闻报道先进个人、国航股份工程技术分公司优秀通信员、国航股份工程技术分公司优秀共青团员、国航股份贵阳维修基地精益6S管理工作突出贡献奖等称号。

1. 爱岗敬业超越自我

李政信同志不仅具有强烈的责任感、求知欲，而且一直保持旺盛的工作热情，不断提高自我能力。他深知：一个刚从学校毕业的学生，仅有的是书本知识和对工作的热情，必须服从组织领导，适应国航组织转型，树立危机感和竞争意识，加强自身的理论学习，定好自己的岗位，定好努力的方向。两年来，认真贯彻执行党的基本路线，以高度的思想政治觉悟和职业责任感，始终坚持每天学习两个小时，从了解国航的昨天——《天泉》开始，领会《超越团队》《细节决定成败》等书籍中的经典内容，在工作中注重细节，增强班组的敬业精神和团队意识，营造了一个团队型学习氛围。

2. 困难面前方显本色

回首2015年1月，南方遭遇百年难遇的雪凝天气，贵阳整个机坪结冰，飞机停放不到一个小时，机身结上厚厚的冰层，每天凝冻还在加大，停机坪上飞机不断增加，一个班工作就是24小时，李政信每天穿着防水靴，工作到深夜飞机维护完成后，回到车间发现双脚长满了冻疮，疼痛像针扎一样。正当准备打水烫脚，他收到父亲信息："你母亲突发胰腺炎，已下病危通知书，速回。"李政信正纳闷时，此时又听到同事大喊："快点，刚除完冰的飞机又结冰了。"他拿起毛巾与同事一道一片一片地擦除风扇叶片上的冰层，直到飞机正常起飞。面对停机场不断增加的飞机和候机室等候的旅客，他没有请假而是选择了留下，总结几天来除冰用人工，效率低下，能否运用动力的原理摸索出对发动机的除冰方法，不断改进，原先对一台发动机除冰需要20 min，后采用了该方法只需几分钟，提高了3倍工作效率，并在航线中推广。事后才知道，李政信家住都匀，与贵阳相距147 km，都匀地区是凝冻重灾区，断电、断水25天，母亲生病一个多月，13天滴水未进，作为家中唯一的孩子不能尽孝，他跪在母亲病床前，泪流满面。

3. 安全整顿严要求执行制度保平安

2015年2月13日，国航开始了为期半年的安全整顿。李政信在工作中加强安全意识、工卡意识和规章制度意识，合规操作、从我做起、从现在做起，深刻领会各项规章制度，紧绷保证安全这根弦，加入了专机保障工作。2015年2月至2015年6月，每天提前上班，拟出工作计划，在此期间圆满完成了两次国家领导人专机接送工作和多次抗震救灾物资专机保障工作。同年在维修基地组织的《我为安全生产排查事故隐患》活动中，认真排查，针对工作中薄弱环节提出了3条隐患，其中有2条被维修基地质量部采纳。

4. 提高综合素质做复合型人才

作为维修基地的业务技术员，李政信不仅在业务上刻苦钻研，2015年7月，在成都培训中心学习空客319/320/321二类机型执照，三个阶段考试中每科以95分，取得了二类机型执照，2015年综合考核为优秀。而且还兼任航线通信员，利用业余时间对发生在身边突出的人和事进行宣传报道，起到拨亮一盏灯、照亮一大片的作用。2015年在分公司刊稿5篇；分公司以上级别刊稿11篇；在抗震救灾期间，借调到综合办负责分公司抗震救灾工作简报，圆满完成十七期工作简报；在国航组织的奥运口号征集中，提出了"国奥同心，航运同行"，并设计了一张以奥运为主题的国航宣传图，在《中航航空传媒网》上刊登；在第四届国航青年讲坛活动中,他以奥运为主题,青年员工责任为核心,拟写了《立足本职爱岗敬业》的文章,体现了员工对青春与责任、生命与使命、服务与奉献的认识,以主人翁的姿态时时处处回报着国航、回报着社会。2009年参加国航股份工程技术分公司质量部人为因素论文征集,结合大学所学理论知识,加上工作中总结的经验,所写《航空维修安全中人为因素的研究》论文被录入《2009国际航空人为因素研讨会论文集》,在中国民航出版社正式出版,并被邀请到天津参加2009国际航空人为因素研讨会,为国航赢得荣誉。在分公司SMS建设推进行动计划中,他认真参加《航空安全管理手册》的培训,在随后的学习考试中,取得满分的良好成绩,为以后SMS实践打下扎实的理论基础。10月为了完成分公司质量部下达的5个安全检查单视频拍摄剧本和拍摄工作,他利用休息时间做了不少准备工作,等分公司下来拍摄时,预计三天的拍摄计划,仅仅用了一天时间,就顺利完成该项工作,而且提出的拍摄想法解决了工作单中有些难点的拍摄。

5. 推行精益管理责任全身投入

2009年国航股份工程技术分公司从战略发展的高度,将精益管理作为重点行动计划,贵阳维修基地于3月全面推行6S管理工作,他暗下决心,作为国航机务队伍中的成员一定要为国航维修产业化发展做点什么。随着基地6S工作的推行,他作为6S部门的协调员,怀着推行精益管理,提升基地整体管理水平和效益的认知,开始了他的6S之旅。在搞好机务维修工作中,对6S管理工作,一开始他并没有盲目去实施,而是以满腔热血,深刻领会精益管理的精髓。充分利用休息时间拿起培训资料,从一个专业术语、一份参考资料学起,为了搞清6S细节问题,他找书籍、查资料,熟悉软件操作,向成都精益办老师请教,然后才在航线部门协调6S管理工作,白天到现场整理,晚上完成部门各类定制图和标识,常常加班到深夜两三点。由于工作努力、认真仔细,一个合理的规划,一个创意的方案,展现并实施在航线生产现场和办公区域,随后领导将他从航线抽调出来,成了基地精益办的成员。在这期间与精益办成员一起负责基地6S管理的推行工作,他以超强的责任心,全身心地投入到工作中,通过团队的共同努力,11月贵阳维修基地圆满通过工程技术分公司精益办对基地全面推行6S管理的验收工作,在他实施的合理规划和创意方案标准掌握工作上,得到高度的肯定与表扬。因7月、8月、9月是航空运营的旺季,人员十分紧张,李政恺主动申请回到一线,保障生产工作,并利用业余时间,完成精益管理的持续考核工作。2009年8月荣获精益6S管理工作突出贡献奖。

项目二　维修常用的工具与器材学习与应用

 项目导入

　　航空维修是一项精细作业，工具的质量、精度、完整性等都影响飞机维修的质量，以至于影响飞行安全。工具的科学管理可以保证工具有效可用，并保证工具完好，有效防止工具的丢失，所以，对于工具科学管理的研究就显得尤为重要。在飞机维护过程中，使用的各种工具与手册资料、工装设备一样，是飞机维护人员的左膀右臂。

任务2.1 认识无人机常用维修工具

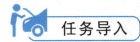

电烙铁是电子制作和电器维修的必备工具，主要用途是焊接元件及导线。它是依赖于具有电阻（但导电）性质的材料在电流通过时发生温升的原理工作的。虽然需要插电使用，但是电烙铁的实际焊接工作其实是由使用者手工完成的，所以在产品分类中，它属于手动工具而不是电动工具。与常用于焊接水管等工作的高温火焊或电焊不同，电烙铁是一种单独的工具，只需使用电源加热，并在两件工件之间需要导电连接的位置加上焊锡丝即可。

1. 掌握维修工具的各种使用方法。
2. 思考分析维修过程中的细节。
3. 向专业人士分享解决维修中的存在问题。
4. 向专业人士讲解维修工具的及时更换。
5. 养成工具三清点的良好工作习惯。

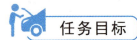

1. 了解无人机常用维修工具的名字和样式。
2. 熟悉本任务所学的工具使用方法和注意事项。
3. 积极实操维修工具，切身体会其作用。
4. 对使用后的感受进行互相探讨。
5. 改正使用操作不当的方法。
6. 养成学生之间相互合作与独立思考的能力。

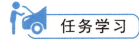

一、知识链接

1. 焊接工具

（1）电烙铁可以用来焊接电子元器件和导线，如图2-1所示。

电烙铁使用前要上锡,具体方法是:将电烙铁烧热,待刚刚能熔化焊锡时,涂上助焊剂,再用焊锡均匀地涂在烙铁头上,使烙铁头均匀地沾上一层焊锡。

把焊盘和元件的引脚用细砂纸打磨干净,涂上助焊剂。用烙铁头沾取适量焊锡,接触焊点,待焊点上的焊锡全部熔化并浸没元件引线头后,电烙铁头沿着元器件的引脚轻轻往上一提离开焊点。

(2)风枪焊台是主板芯片级维修中必不可少的工具之一,与"电烙铁"有着相似的拆焊与焊接功能,但是风枪焊台可以更方便、高效地拆焊体积更小、针脚更多的贴片电子元器件与集成电路芯片。

(3)热熔胶枪是一款快捷的黏胶工具,如图2-2所示。使用方法是通过热熔胶枪加温融化胶棒后打在需要黏结固定的地方,快速固化后起固定作用。

图2-1 电烙铁

图2-2 热熔胶枪

2. 无人机常见额外机载设备

随着计算机技术、通信技术的迅速发展以及各种数字化、质量轻、体积小、探测精度高的新型传感器的不断面世,无人驾驶飞行器系统的性能不断提高,应用范围和应用领域迅速拓展。无人机的续航时间从几十分钟延长到几十个小时,任务载荷从几千克到几百千克,这为长时间、大范围的遥感监测提供了保障,也为搭载多种传感器和执行多种任务创造了有利条件。

通常将为完成特定任务在无人机上搭载的传感器称为任务设备,而任务载荷及其相配套的系列机载和地面设备共同构成了任务设备分系统。任务设备分系统的具体组成和无人机所执行的任务相关,根据任务的不同,同一型号的无人机也可装载不同的任务设备,通常将无人机任务设备分系统分为侦察设备、电子战设备、攻击设备、通信中继设备等。本书重点围绕完成侦察监视等任务的无人机任务设备系统展开介绍。

目前,无人机主要使用数字航空照相机、可见光电视摄像机、红外热像仪、合成孔径雷达(SAR)四种方式进行航空侦察与监视任务,其中数字航空照相机、可见光电视摄像机主要执行昼间侦察任务,红外热像仪主要执行夜间侦察任务,合成孔径雷达(SAR)主要执行全天候侦察任务。此外,为了完成侦察目标定位、指示等任务,还可安装激光测距或目标指示设备等。总之,不同类型的无人机,由于其任务目标、结构特点和负载大小等各不相同,飞行时所携带的任务载荷也存在差异。

1)数字航空照相机

数字航空照相机是装载在飞机上以拍摄地表景物来获取地面目标的光学仪器。随着航空技术日新月异的发展,数字航空照相机已经在航空遥感、测量和侦察等领域发挥了重要的作用。数字航空照相机具有良好的机动性、时效性和较低投入等优点,已成为获取地面信息的主要途径之一。

数字航空照相机主要实施昼间、准实时侦察观测任务，可获取航摄区静态高分辨率影像，还可对影像上任意像点的坐标进行提取，完成多幅满足一定要求影像的自动拼接、立体影像提取及其显示等任务，军事上可利用航摄影像完成火力打击效果与伪装情况评估等任务，已在地形测绘、土地和森林资源调查、铁路和公路建设以及军事侦察等诸多领域得到了广泛的应用。

2）可见光电视摄像机

可见光电视摄像机是一种将被摄景物的活动影像通过光电器件转换成电信号的光电设备。其主要由摄影镜头、光电转换器、放大器和扫描电路等组成，镜头将景物的影像投射在光电转换器上，通过扫描电路对光电转换器件按一定次序转换，逐点、逐行、逐帧地把影像上明暗不同或色彩不同的光点转换为强弱不同的电信号，再通过记录设备或图像传输设备将电信号记录或发送出去。通常将可见光电视摄像机分为黑白、彩色两种类型，黑白电视摄像机主要传送景物明暗影像，彩色电视摄像机主要传送景物彩色影像。

在无人机机载条件下，可见光电视摄像机要实现对地面景物的观测，必须借助相应的稳定转台，通过稳定转台实现对可见光电视摄像机光学中心指向的改变，进而对航摄区域的实时电视影像捕捉，通过改变可见光电视摄像机光学系统焦距，改变航摄区电视影像的比例大小，利用无线数字传输设备将电视图像传输至地面监视器，或直接记录在机载电子盘上。军事上，利用可见光电视摄像机的实时侦察监视特点，可对航摄区目标进行自动定位、校正火力射击、监视战场情况及评估毁伤效果等任务。

3）红外热像仪

大气、烟云对可见光和近红外线的吸收较强，但是对 3~5 μm 和 8~14 μm 的热红外线却是透明的，故将这两个波段称为热红外线的"大气窗口"。人们利用这两个窗口，能在完全无光的夜晚或是在烟云密布的战场，清晰地观察到前方或地面的情况。

为了提高无人机全天候实时观测能力，将红外热成像技术应用于空中探测，即利用红外热像光谱探测器对具有热泄露的地面物体进行探测，并将温度高于其周围背景的地物通过热白图像实时记录并传输至地面监测设备，或存储在机载电子存储器上。

二、技能链接

1. 常见用具

（1）游标卡尺是常用的内孔、外径和深度测量工具，由主尺和副尺组成，其读数是由主尺和副尺两部分之和确定的，如图 2-3 所示。游标卡尺有公制和英制两种，普通游标卡尺的副尺一般是在主尺上滑动，通过对刻度线的方法进行测量，其他类型游标卡尺有指针式和电子式的，其主要区别在于副尺结构不同，但其测量方法基本相同。

（2）千分尺是精密测量工具之一，根据其功能分为外径千分尺、内径千分尺和深度千分尺，如图 2-4 所示。千分

图 2-3　游标卡尺

尺也有公制和英制两种，其使用方法基本相同。千分尺的可动副尺是微分筒和测量轴。微分筒和测量轴固定在一起，当微分筒转动时，测量轴随之转动并向左或向右移动。测量轴和砧座之间的开度为被测工件尺寸。千分尺圆筒上的刻度区为主尺部分，微分筒上的刻度区为副尺部分。

（3）千分表是用相对测量法测量和检查工件尺寸和形位偏差的量具，如图2-5所示。

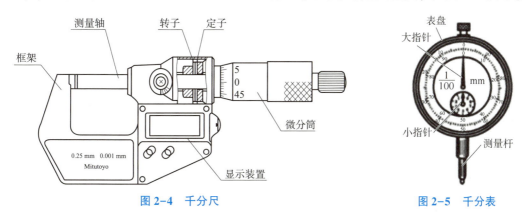

图2-4　千分尺　　　　　　　　　　　图2-5　千分表

（4）内径量表又称内卡表，是一种小量程测量仪表。使用时，将仪表侧边的手柄压下，两个测爪收缩至最小将其放入测量部位，松开手柄测爪外张，此时读取表盘数据即为被测内孔尺寸。由于每块表测量范围是有限的，使用时注意量程的选择。使用内径量表前，应将测爪放入与其配套的内孔规中，检查是否与仪表起点一致。

2. 夹持工具

（1）鱼口钳也称滑动支点钳，是维修中常用的夹持工具，其铰接点部位有一个双孔槽，通过滑动支点在双孔中的位置，可以改变其夹持范围，如图2-6所示。

（2）鹰嘴钳也称内锁支点钳或槽锁钳，其钳口可平行沿滑槽滑动，以此调节夹持范围，鹰嘴钳夹持力较大，可用于夹持密封螺帽管接头和异形零件，有时也称水管钳，如图2-7所示。

（3）大力钳属于复合型钳子，具备杠杆加力机构，当压紧手柄时，复合支点可使夹持力倍增，如图2-8所示。通过调整手柄后端的调节螺钉可调节钳口大小及其相应的夹持力。由于过挠度自锁作用即使撤出手柄夹紧力，两颚口也不会打开。如果需要松开钳口，可以通过手柄后端的一个小杠杆使其松开。

图2-6　鱼口钳　　　　　图2-7　鹰嘴钳　　　　　图2-8　大力钳

(4)尖嘴钳拥有不同长度的半圆形长钳口,有直和斜两种钳嘴,用于夹持小物体,可在狭小空间进行操作,多用于电气维修和打保险丝,如图2-9所示。

(5)斜口钳又称克丝钳,是短钳口的剪切工具,其钳口处有一小角度刀刃,用于剪切金属丝、铆钉、开口销等。斜口钳是维修中常用的工具,特别在拆卸和打保险丝工作中使用最多,如图2-10所示。

(6)鸭嘴钳钳口扁平,形状像鸭嘴。其较长的手柄可提供良好的夹持力,颚口内有细牙用来增加摩擦同时不损伤夹持物,适合拧保险丝结,如图2-11所示。

图2-9　尖嘴钳　　　　　图2-10　斜口钳　　　　　图2-11　鸭嘴钳

3. 旋拧工具

螺丝刀一般按形状、刀口类型和刀口宽度分类。按长度或杆径标识,刀柄一般采用木质和高强度塑料。螺丝刀最基本的类型有一字形螺丝刀和十字形螺丝刀,如图2-12所示。

1)一字形螺丝刀

一字形螺丝刀又称普通型螺丝刀,用于带一字形槽口的螺纹紧固件。选用一字形螺丝刀时,应保证螺丝刀口的刃宽不少于槽口长度的75%。刃口应锋利,与槽口两侧平行,且能插到槽的底部,否则将会损坏螺纹紧固件槽口,如图2-13所示。

2)十字形螺丝刀

十字形螺丝刀用于十字形槽口螺纹紧固件,典型的十字槽有双锥形和单锥形两种。双锥形两侧边不平行,对应的螺丝刀刃较粗且较短,可插入较平的孔底;单锥形两侧边平直,槽宽比较窄,十字形明显,螺丝刀的刃较长且较尖,也称尖十字螺丝刀,如图2-14所示。

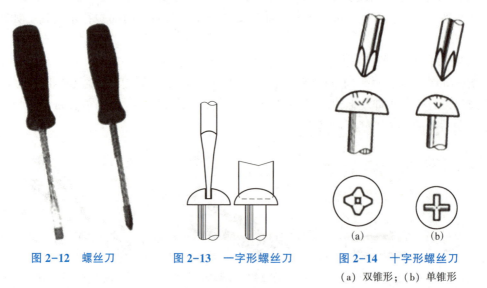

图2-12　螺丝刀　　　　图2-13　一字形螺丝刀　　　图2-14　十字形螺丝刀
(a)双锥形;(b)单锥形

3) 偏置螺丝刀

在垂直空间受到限制时，可使用偏置螺丝刀。偏置螺丝刀的两端头与杆身成 90°，两刀口相互垂直交替使用，两头对大多数螺钉都能完成拆装。偏置螺丝刀有标准型和埋头型，如图 2-15 所示。

图 2-15 偏置螺丝刀

4) 棘轮式螺丝刀

棘轮式螺丝刀是一种手动快速螺丝刀，手柄内具备单向旋转功能的棘轮装置，使螺丝刀刀头无须脱离紧固件，手柄反复连续旋拧，即可快速拆装紧固件，如图 2-16 所示。使用时通过手柄的转换开关选择旋转方向。对于大负荷拆装，为保护棘轮装置，不用于初始拆卸和最终紧固。棘轮式螺丝刀刀头一般可根据需要更换，螺丝刀杆端部为避免刀头掉落装有磁铁，对于某些磁性设备和特殊元件应谨慎使用。

5) 气动螺丝刀

气动螺丝刀是用气源作旋拧动力的螺丝刀，广泛用于批量紧固件操作。这种螺丝刀端头有固定刀头的夹具，可防止脱落，如图 2-17 所示。有些螺丝刀上还设有力矩预置装置，可进行定力矩安装。

图 2-16 棘轮式螺丝刀

图 2-17 气动螺丝刀

4. 扳手

扳手是维修中最常用的工具，按形状分为活动扳手、开口扳手、梅花扳手、内六角扳手、套筒扳手等，活动扳手不能用于航空器维修，仅适合地面设备维修。除活动扳手，其余扳手分英制和公制两个系列，英制扳手仅适用英制紧固件，公制扳手仅适用公制紧固件。

1) 开口扳手

开口扳手开口两侧平行，与螺栓螺母的两对边接触，标准开口扳手开口的中线与手柄成 15°，便于在窄小的空间完成拆装，如图 2-18 所示。开口的中线通常与手柄成 15°，也有 30°、60° 角的开口扳手。

2) 梅花扳手

梅花扳手也称眼眶扳手，其圆框的内圈有 6 个或 12 个卡角，旋转时与螺帽 6 个角接触，便于力均匀分布，适用于较大力矩的旋拧施工，如图 2-19 所示。

图 2-18 开口扳手

图 2-19 梅花扳手

3）组合扳手

组合扳手一端是梅花扳手，另一端是同样尺寸的开口扳手，俗称梅开扳手，如图 2-20 所示。对于固定较紧的螺纹紧固件使用梅花端头，一旦拧松后，使用开口端头更方便。

4）内六角扳手

内六角扳手是最简单的扳手，六边形杆，长端和短端垂直，可两端使用，用于端头带内凹式六角孔螺帽，如图 2-21 所示。

5）套筒扳手

套筒扳手由套在螺帽或螺栓头上的套筒头和连到套筒头上的手柄两部分组成，如图 2-22 所示。套筒一端内有 6 角或 12 角卡口与螺帽接触，另一端为正方形的开口供安装手柄。

图 2-20　组合扳手　　　　图 2-21　内六角扳手　　　　图 2-22　套筒扳手

三、案例

3月1日一个平常不过的工作日，早上，北部湾航空维修工程部技术支援主管卢增陶到达公司后跟往常一样，首先打开计算机查看前日机队故障报告及故障处理情况。

突然他发现某飞机有一个发动机 SMR 报告，考虑涉及飞机发动机，卢增陶根据职业敏感迅速打开了手册深入分析，发现 SMR 报告的内容反映右发动机的核心部件 HMU 存在较大的故障隐患。

核实完手册确认可能存在发动机空停的故障隐患之后，卢增陶立即报告上级部门。公司工程部技术团队经过讨论，决定提高标准，第一时间做好了更换 HMU 的工作方案，并于3月2日当晚完成了 HMU 的更换，成功排除一个重大故障隐患。

"一个不起眼的反馈，不深入分析就有可能埋下安全隐患。所以我们平时要多亲近飞机、苦练基本功，不断提升自己发现问题、解决问题的能力"。

3月2日23:30，在南宁机场机坪还看见一个忙碌的身影，北部湾航空机务维修人员花志宽执行某飞机 16A 检工卡中 "LEAP-1A 发动机的防空停关键检查项目" 对管路实施检查时，考虑到飞机防空停案例中有过因为发动机防冰管路卡子脱开造成线束被烧坏，导致 ECU 过热造成空停的事件，花志宽特地对该区域着重检查（工卡并未要求检查此区域），使用手触摸的方法，发现左右双发防冰管道接口固定螺钉均存在 3~4 颗以上的螺钉松动（每发 20 颗螺钉），松动为 4~5 个螺牙长度，他便第一时间上报放行、总指挥以及技术组值班人员。

之后他采纳技术组建议查询手册,将螺钉均紧固到位,并建议对公司机队该处螺钉进行普查,力求确保飞机不带问题上天,保障了飞机安全飞行。

"飞机维修是一项专业性极强的工作。我还是一名在不停学习的机务!只有时刻对工作保持敬畏,才能在保障飞机安全飞行的过程中不断提升自己。"

"这里出问题了,今晚有活干了!""大家把工作手册、航材过一遍,天气可能不怎么好,多添点衣服。"随着总指挥的这句话,北部湾航空机务维修人员韦颂打起了12分精神。3月2日,北部湾航空机务定检小组正开展着日常飞机维修检查工作。

当天在执行某飞机防空停检查时,工卡内工作都已完成。韦颂本着严谨的工作态度对工卡需要检查的以外区域也检查了一遍,发现飞机发动机防冰管法兰盘处螺钉有松脱现象,于是联系负责另一发动机工作的同事继续检查,同样发现该问题。

由于历史防空停案例中有过因防冰管松脱导致高温气体将飞机发动机导线束损坏并造成空停的案例,韦颂和同事便立即上报总指挥和公司技术支援席,查询相关手册及时处理隐患,并建议对该型发动机防冰管法兰盘螺钉进行普查,确保了飞行安全。

"作为一线机务维修人员,我要以实际行动履行民航工作者的责任与义务,保证飞机的安全以及乘客的舒适度。"

任务实施

(1)课前准备。

学生完成老师发布的课前预习工作,通过网上查阅资料,了解无人机维修中的常见工具。

(2)任务引导。

① 学习过程中遇到的不常见的工具都有哪些?请简单说说。

② 教师指导后,学生完成表 2-1~表 2-5。

表 2-1 焊接工具

焊接工具	用法
电烙铁	
风枪焊台	
热熔胶枪	

表 2-2 测量工具

测量工具	用法
游标卡尺	
千分尺	

表 2-3　旋拧工具

旋拧工具	用法
一字形螺丝刀	
十字形螺丝刀	
偏置螺丝刀	
棘轮式螺丝刀	
气动螺丝刀	

表 2-4　夹持工具

夹持工具	用法
鱼口钳	
鹰嘴钳	
大力钳	
尖嘴钳	
斜口钳	
鸭嘴钳	
平口钳	
卡簧钳	
保险丝钳	

表 2-5　紧固工具

紧固工具	用法
扳手	
螺丝刀	

（3）根据提供的器械信息，随机选出 5 件工具，并填表 2-6。

表 2-6　工具

序号	工具名称	规格型号	数量	备注
1				
2				
3				
4				
5				

（4）定期对维修工具进行检查、维护和保养。

出现问题：_____   解决措施：_____

              _____   _____

（5）老师在实践中进行讲解，辅导实操，并评价打分，如表 2-7 所示。

表 2-7 实操评价

序号	内容	评价指标	分值/分	得分
1	外观检查	外观是否完整，无损伤	20	
2	功能检查	各功能是否正常运行	20	
3	步骤完整	各步骤有无误差	20	
4	正确程度	是否达标	20	
5	其他	团队合作能力	20	
合计					

出现问题：_____   解决措施：_____

（6）以小组为单位开展头脑风暴，分析使用维修工具时的注意事项和安全措施。

注意事项：_____   安全措施：_____

              _____   _____

思考与练习

一、判断题

1. 电烙铁可用来焊接电子元件和导线。　　　　　　　　　　　　　　（　　）
2. 在连接大型物体时最好使用热熔胶枪。　　　　　　　　　　　　　（　　）
3. 可以使用保险丝钳拧螺帽。　　　　　　　　　　　　　　　　　　（　　）
4. 游标卡尺使用前不用进行调整。　　　　　　　　　　　　　　　　（　　）

二、填空题

1. 热熔胶枪不宜在_____下进行工作，这样会降低效率、损耗电源。
2. 螺距尺可以支持测量_____的主旋翼螺距，方便在 90 级直升机上使用。
3. 拉马拉爪固定被拉物时，务必使拉爪内角面与被拉物体接触面保持_____。
4. 扳手是常见的维修工具，扳手又分为_____、_____、_____、_____、_____、_____、_____。

三、简答题

螺丝刀有哪些种类？各有什么特点？

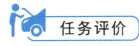

任务评价如表 2-8 所示。

表 2-8 任务评价

姓名		学号				
评价方面	评价内容	评价方式				
		分值	自评	互评	师评	合计
职业素养 （30 分）	课前准备	5				
	责任意识	5				
	任务实施流程	5				
	组内分工	5				
	安全事项	5				
	工具三清点	5				
专业能力 （60 分）	维修工具的使用方法	12				
	对不同维修工具的理解	12				
	使用不同工具的目的	12				
	工具使用后的保养	12				
	与组员合作的能力	12				
创新意识 （10 分）	创新性思维和行动	5				
	创造兴趣	5				
合计		100				
综合得分						

任务 2.2　使用无人机常用检测工具

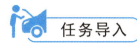
任务导入

我国最早提出水平定义的是墨子。水平仪是建立水平视线测定地面两点间高差的仪器。其原理为根据水准测量原理测量地面点间高差。

水平仪是在 18 世纪发明了望远镜和水准器后出现的。20 世纪初，在制出内调焦望远镜和符合水准器的基础上生产出微倾水平仪。20 世纪 50 年代初出现了自动安平水平仪；60 年代研制出激光水平仪；90 年代出现电子水平仪和数字水平仪。

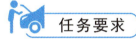
任务要求

1. 掌握常用工量具的使用和维护技能。
2. 用常用量具进行零件尺寸的测量。
3. 对工量具进行保管与维护。
4. 养成工具三清点的工作习惯。

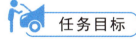
任务目标

1. 熟悉无人机常用测量工具的名称与功用。
2. 熟悉工具的正确使用方法与注意事项。
3. 养成认识问题、分析问题和解决问题的能力。
4. 养成按章办事、精益求精的工匠精神。
5. 养成严谨的航空维修工作作风。

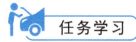
任务学习

一、知识链接

1. 水平仪

水平仪主要用来对马达座以及电机座进行水平校准，用来检测机臂、电机、飞控系统等安装是否水平，如图 2-23 所示。

使用方法：使用水平仪应先行检查，先将水平仪放在平板上，读取气泡的刻度大小，然后将水平仪反转置于同一位置，再读取其刻度大小，若读数相同，即表示水平仪底座与气泡管相互间的关系是正确的。

图 2-23　水平仪

2. 万用表

万用表主要用来测量无人机电子设备中的电压、电流信号，如图 2-24 所示。

使用方法：

（1）在使用万用表之前，应先进行"机械调零"，即在没有被测电量时，使万用表指针指在零电压或零电流的位置上。

（2）在使用万用表过程中，不能用手去接触表笔的金属部分，这样一方面可以保证测量的准确性，另一方面也可以保证人身安全。

3. 转速表

转速表主要用来测量无人机螺旋桨的最高转速，如图 2-25 所示。

使用方法：

（1）测量时按住 Power 键 1 s 后转速表开机。

（2）按 Set 键设置要测试的风扇叶数。

（3）当测试结束后显示屏会自动显示最高转速。

图 2-24　万用表

图 2-25　转速表

4. 示波器

示波器是广泛应用的电子测量仪器，是电子工程师们经常使用的测量仪器，如图 2-26 所示。

使用方法：

（1）使用前进行功能检查；

（2）接通仪器电源；

（3）探头补偿。

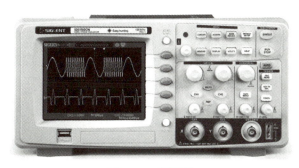

图 2-26　示波器

二、技能链接

（1）水平仪是一种测量小角度的常用量具。在机械行业和仪表制造中，用于测量相对于水平位置的倾斜角、机床类设备导轨的平面度和直线度、设备安装的水平位置和垂直位置等。按水平仪的外形不同可分为万向水平仪、圆柱水平仪、一体化水平仪、迷你水平仪、相机水平仪、框式水平仪、尺式水平仪；按水平仪的固定方式又可分为可调式水平仪和不可调式水平仪。

（2）万用表是一种多用途电子测量仪器，也称为万用计、多用计、多用电表等，分为指针万用表和数字万用表两种类型。该表可测量直流电流、直流电压、交流电流、交流电压、电阻和音频电平等，主要用于物理、电气、电子等测量领域。

（3）转速表用来测量固定翼无人机上螺旋桨的转速，以判断发动机是否达到最佳的工作状态。由于用磁电式和电容式转速表测量时，还要在无人机的螺旋桨上加装一些部件，这些部件极其不利于螺旋桨的高速旋转，因此磁电式和电容式转速表不适合给航模发动机测速。

航模上用的转速表大多为光电式。按测量原理可分为两类：一类的光敏电阻可感应螺旋桨是否遮挡住了自然光线，以改变电阻值实现计数；另一类本身带有光源（通常为近红外线或红外线），螺旋桨旋转时可被反射，接收装置通过反射的红外光实现转速的测量。这两种转速表内部都有较成熟的整形电路，最终将螺旋桨的转动转化成一个个脉冲，再由单片机计数后显示。

（4）示波器是一种用途十分广泛的电子测量仪器，它能把肉眼看不见的电信号变换成看得见的图像。示波器利用狭窄的、由高速电子组成的电子束，打在涂有荧光物质的屏面上，就可产生细小的光点。在被测信号的作用下，电子束在屏面上描绘出被测信号的瞬时值的变化曲线。

（5）对于飞机的日常维护，大气数据测试仪是必不可少的。大气数据测试仪主要是通过皮托管对接上飞机头部的皮托管，给予模拟输出，来测试飞机上的空速表、高度表和总压等一系列的飞机测试。所以很多大气数据测试仪也被称为皮托测试仪，而皮托管说通俗一点就是空速管，它一般安装在飞机机头的前方，因为皮托管需要安装在飞机外面气流较少受到影响的区域。

很多人会把大气数据测试仪误解成机载仪器，但其实它只是用来测试机载仪表的，就如上所说的空速表、高度表的这些仪表。大气数据测试仪能够有效地帮助飞机在地面上做出模拟飞行时的测试效果，从而检验飞机仪表是否正常。为什么要测量空速管呢？因为空速管测量出来的速度并不是飞机相对于地面的速度，而只是相对于大气的速度，所以称为空速。如果有风，飞机相对地面的速度（称地速）还应加上风速（顺风飞行）或减去风速（逆风飞行）。

严格地说，皮托管仅测量气流总压，又名总压管；同时测量总压、静压的才能称为风速管，但习惯上多把风速管称为皮托管。不是说皮托管是空速管吗？那为何这测空速管的仪器又能测试高度表呢？原因很简单，测空速管时可测出静压，而静压则是气压式高度表的重要计算参数。

三、案例

空速管检查

目前，我国机载电子设备升级换代很快，航空电子测试设备也不断更新换代，技术飞速发展。测试设备使用日久、操作不当、工作环境等因素都可导致测试设备"罢工"。如果一遇问题就要生产厂商来处理，装备维修保障企业的生产必受影响，进度拖延进而造成经济损失，给装备维修保障企业的后勤保障带来了挑战。航空电子测试设备"罢工"究其根本是内部电路故障引起的，只要熟悉设备内部的工控电路板的基本电路原理和控制原理，就可以找到维修保障的有效方法。

1. 自检不通过无法进入程序

航空电子测试设备对机载产品测试前，首先进行自检，经常遇到板卡自检不通过，无法进入测试程序，此类问题如何解决？航空电子测试设备内部用到的板卡越来越多，一些常见的板卡如CPU板、I/O板、1553板、429板，还有一些采用NI公司的虚拟仪器板卡。设备使用一段时间后，经常会遇到1553板卡、429板卡、I/O板卡等自检不通过。

2. 板卡接触不良引起的故障

大多数板卡自检不通过其实都是由接触不良引起的，目前航空电子测试设备内部很多板卡采用金手指插入插槽的方式。在多尘、潮湿、有盐雾腐蚀的使用环境中，板卡金手指易腐蚀,引起接触不良故障,这种情况下维修厂家一般通过更换板卡的方式解决问题,但航空电子测试设备内部用到的板卡采购费用非常昂贵,如1553板少则几万元、多则十几万元,尤其一些还采用进口的板卡,不仅费用非常高而且订货周期很长,给装备维修保障带来压力。工作中遇到的几次1553板卡、429板卡、I/O板卡等自检不通过,在分析后认为是接触不良引起的,这时可使用常见的橡皮来解决问题,用橡皮在板卡金手指上反复擦几下,将金手指上的污物清理干净后,再试机,接触不良引起的板卡自检故障都能解决,方法简单又实用。

3. 板卡损坏引起的自检不过

某型飞机任务管理计算机测试设备,自检时提示控制单元CPU板故障,板卡损坏通常是某一个元件损坏,可能是某一个芯片、某一个电容,甚至一个小小的电阻,维修的过程就是找出损坏的元件加以更换。这看似简单,实则需要精深的学问、丰富的经验,首先要合理安排检修顺序,正确地安排检修步骤才能更有效地找到解决问题的途径,一定要避免乱捅乱拆,维修不成,反致故障扩大。维修就像医生给人看病,也讲究"望、闻、问、切"。"望"即检查电路板的外观,看上面有没有明显损坏的痕迹,有没有元件烧黑、炸裂,电路板有无受腐蚀引起的断线、漏电,电容有没有漏液,顶部有没有鼓起等;"闻"用鼻子嗅一嗅有没有东西烧焦的气味,这气味是从哪里发出的;"问"很重要,要详细地询问有关人员,设备出故障时的情况,从情况推理可能的故障部位或元件;"切"即用检测仪器,如万用表、示波器、信号源等,在设备通电和不通电两种情况下,检查电路模块或元件的阻值、电压、波形等,将好坏电路板对比测试,观察参数的差异等。

针对此例CPU板损坏的情况,首先采用"望",即检查电路板的外观,看上面有没有明显损坏的痕迹。经过详细检查发现在CPU板上,CPU芯片附近有一个104钽电容表面有烧黑,在这里就需要维修人员的专业知识了,对于不太了解104钽电容的人也可以去问有经验的专家。查数字电路方面资料可知,在数字电路设计中,104钽电容常用来并联在数字芯片的电源引脚与地之间,用来滤除高频信号,使系统工作更稳定。详细检查会发现在CPU板上还有一些常见的54系列的芯片,每个芯片都在芯片的电源引脚与地之间两端并联有104钽电容,对比可发现只有CPU芯片的这个104滤波电容表面有烧黑。然后用烙铁将104钽电容取下,用万用表测量发现电容两端短路,此电容烧坏。更换此电容后,故障排除。在工作中还曾遇到过电路板的+5 V工作电源的滤波电容漏液,顶部有鼓起等引起系统不工作故障,都是更换同型号的新电容后,故障消失,系统工作正常。

 任务实施

(1) 课前准备。
提前查阅资料,了解无人机常用检测工具使用的注意事项。
(2) 任务引导。
了解无人机常用检测工具的使用注意事项,并填表2-9。

表 2-9　无人机常用检测工具的使用注意事项

工具	注意事项
水平仪	
万用表	
转速表	
示波器	

（3）请列举 4 种检测工具所对应的检测方式，并填表 2-10。

表 2-10　检测工具的检测方式

序号	检测工具对应的方式	自检情况	备注
1			
2			
3			
4			
总结			

（4）以讲解形式引入对违规航空维修方式所使用的工具。

违规方式：_____　　使用工具：_____

_____　　_____

（5）以讲解形式引入各种维修工具的使用，扩大学生的学习程度和理解内容。

使用工具：_____　　解决问题：_____

（6）发布头脑风暴任务，以小组形式即时搜索中国航空维修使用工具不对造成问题的案例。

出现问题：_____　　解决措施：_____

（7）示波器的使用方法：

① 将示波器探头插入通道 1 插孔，并将探头上的衰减旋钮置于"1"挡；

② 将通道选择置于 CH1，耦合方式置于 DC 挡；

③ 将探头探针插入校准信号小孔内，此时示波器屏幕出现光迹；

④ 调节垂直旋钮和水平旋钮，使屏幕显示的波形图稳定，并将垂直微调和水平微调置于校准位置；

⑤ 读出波形图在垂直方向所占格数，乘以垂直衰减旋钮的指示数值，得到校准信号的幅度；

⑥ 读出波形每个周期在水平方向所占格数，乘以水平扫描旋钮的指示数值，得到校准信号的周期（周期的倒数为频率）；

⑦ 一般校准信号的频率为 1 kHz，幅度为 0.5 V，用以校准示波器内部扫描振荡器频率，如果不正常，应调节示波器（内部）相应电位器，直至相符为止。

思考与练习

一、判断题

1. 使用万用表的时候,量程最好选择 250~500 V。　　　　　　　　　　(　)
2. 万用表直流电流挡"mA"有 1 mA、25 mA、50 mA 三挡量程。　　　(　)
3. 用转速表测试时应当保持 5~10 cm 距离以免螺旋桨或风扇伤到人。　(　)

二、填空题

1. 示波器的作用主要分为_____、_____、_____。
2. 使用万用表时红色表笔插在_____插孔内,黑色表笔插在_____插孔内。

三、简答题

1. 使用万用表的注意事项。
2. 使用示波器测量电调输出的信号并记录测量过程及结果。

任务评价

任务评价如表 2-11 所示。

表 2-11　任务评价

姓名		学号				
评价方面	评价内容	评价方式				
		分值	自评	互评	师评	合计
职业素养 (30分)	课前准备	5				
	责任意识	5				
	任务实施流程	5				
	组内分工	5				
	安全事项	5				
	工具三清点	5				
专业能力 (60分)	熟练使用维修工具	15				
	正确的操作步骤	15				
	发现错误并改正的能力	15				
	使用工具后的保养	15				
创新意识 (10分)	创新性思维和行动	5				
	创造兴趣	5				
合计		100				
综合得分						

任务2.3 熟悉无人机常用维修器材

扎带（Cable Tie）又称扎线带、束线带、锁带，是用来捆扎东西的带子。一般按材质可分为尼龙扎带、不锈钢扎带、喷塑不锈钢扎带等，按功能则分为普通扎带、可退式扎带、标牌扎带、固定锁式扎带、插销式扎带、重拉力扎带等。

扎带采用UL认可的尼龙-66料制成，防火等级94V-2，耐酸、腐蚀、绝缘性良好、不易老化、质量轻、安全无毒、承受力强。操作温度为-40~90 ℃。综合机械性能远远优于一般工程塑料，是代替铜、不锈钢及其他有色金属的理想材料。

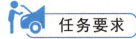

1. 了解无人机维修中扎带的作用。
2. 掌握各种无人机装调场景下线路破损等修复的方法。
3. 掌握无人机常用维修器材的各个特性。
4. 养成材料三清点的良好习惯。

1. 熟悉常用的维修器材。
2. 熟悉各种基本维修器材的使用方法。
3. 养成动手能力及思考能力。
4. 加强对航空安全的注意事项。
5. 养成航空语言素养及团队合作能力。

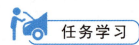

一、知识链接

1. 扎带

（1）尼龙扎带顾名思义为捆扎东西的带子，设计有止退功能（活扣式除外），只能越扎越紧，如图 2-27 所示，也有可拆卸的扎线带（活扣）。

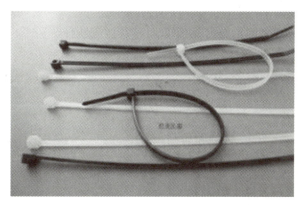

图 2-27　尼龙扎带

（2）魔术贴扎带强度高、粘扣紧密，可反复多次捆扎粘扣，用于固定无人机的电池。

2. 胶水

（1）502 胶是通过先进生产工艺合成的单组分瞬间固化胶水，能粘住很多东西。

（2）热熔胶是一种可塑性的黏合剂，在一定温度范围内其物理状态随温度改变而改变，而化学特性不变，其无毒无味，属环保型化学产品。

（3）泡沫胶是一种橡胶，用合成橡胶制成的，具有耐油、耐老化、耐化学药品等特点，如图 2-28 所示。本胶适用于各种软质材料自粘和与硬质材料的互粘。

（4）螺丝胶用于螺丝骨托松动的锁固，可以防止螺栓、拉丝、螺母的松动；也可以用于螺钉的涂料，可防止螺钉部分的腐蚀及防锈，如图 2-29 所示。

图 2-28　泡沫胶

图 2-29　290 螺丝胶

3. 热缩管

热缩管具有高温收缩、柔软阻燃、绝缘防蚀等优点，被广泛应用于各种线束、焊点、电感的绝缘保护以及金属管、棒的防锈防蚀等。

4. 焊锡丝

焊锡丝是由锡合金和助剂两部分组成的。焊锡丝是具有一定的长度与直径的锡合金丝,在电子元器件的焊接中可与电烙铁或激光配合使用,如图 2-30 所示。

二、案例

2022 年下半年,海航航空旗下金鹏航空持续推动作风建设走深走实,广大维修人员履职尽责,顶着酷暑,在气温高达 55 ℃的机坪上穿着全套防护用品从事维修工作,及时发现并消除安全隐患,保障航班的安全运行。

图 2-30 焊锡丝

继 2022 年上半年金鹏航空维修工程部的 B-1577 飞机航后排故事迹受到了华东局优良维修作风典型案例的通报表扬后,金鹏航空一线维修团队凭借严谨、专业、诚信、坚毅的优良作风,在华东辖区 2022 年下半年优良维修作风典型事例的通报表扬中再获点赞。

2022 年 5 月 2 日,在金鹏航空 B737-800 客机 A 级检修期间,维修人员沈闽敏目视检查前缘襟翼发现左前缘克鲁格襟翼封严门一根弹簧断裂。维修人员郑文瑜、汪科强在执行 6 号船型整流罩襟翼滑架丝杠润滑工作时发现该船型整流罩封严门弹簧断裂。这两根弹簧的位置极其隐秘,需要维修人员细致入微、抽丝剥茧地查找排故,在更换两根弹簧后,三位机务成功地消除了因弹簧断裂造成封严门无法关严的安全隐患,以实干实效将"把隐患留在地面"落到实处。

2022 年 7 月 25 日,金鹏航空维修技术员郑文瑜在执行 B747 货机航后绕机检查时发现,6 号扰流板内侧腹板支撑杆角度存在异常。该连杆位置较为隐蔽不易被发现,且处于"两集中"状态中的郑文瑜在酷暑中穿着二级防护服和面屏,不断呼出的热气和汗水使得视线受限。但郑文瑜克服所有不利因素,不放过细微异常,借助高梯接近开展详细目视检查并反复与手册图纸进行比对,最终确认支撑杆端头断裂并顺利完成更换工作。

作为一名从业 25 年,拥有丰富一线维修经验的老机务,郑文瑜始终坚守"按章办事"的维修之道,一切以手册标准为依据,即使是再熟悉不过的维修项目,也从不以经验判断为首要原则,这也是郑文瑜从业以来从未出现人为差错所依赖的重要信条。

任务实施

(1) 课前准备。

4 人一组,查询相关无人机常用维修材料的使用方法及注意事项。做好笔记整理工作,带着问题上课,提高课堂效率。

(2) 任务引导。

了解无人机常用维修材料的作用及用途,并填表 2-12。

表 2-12　无人机常用维修材料的作用及用途

名称	作用及用途
尼龙扎带	
魔术贴扎带	
纤维胶带	
纸胶带	
双面胶带	
瞬干胶	
热熔胶	
泡沫胶	
螺丝胶	
硅橡胶	
热缩管	
焊锡丝	

① 什么是纤维胶带？胶带粘贴有何质量要求？橡胶制品中加入纤维材料的目的是什么？

② 什么是热熔胶？常用的热熔胶是哪种？热熔胶在什么情况下一定要加抗氧剂？什么情况下可以不加？

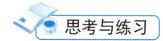 思考与练习

一、判断题

1. 绑扎导线时可以采用尼龙扎带，也可以采用金属丝绑扎。　　　　　　(　　)
2. 胶带纤维密度越高，防割性能越好。　　　　　　　　　　　　　　(　　)
3. 热熔胶机喷嘴堵塞不会影响纸箱的黏合。　　　　　　　　　　　　(　　)

二、填空题

1. 硅橡胶具有_____、_____、_____的特点。
2. 热熔胶常用作_____、_____、_____、_____的黏结。

三、简答题

1. 胶带粘贴有何质量要求？
2. 现在用 KT 板作为材料制作一架航模飞机，在综合考虑强度和质量的情况下会选择哪种黏合剂？请简述理由。

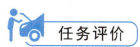 任务评价

任务评价如表 2-13 所示。

表 2-13 任务评价

姓名		学号			
评价方面	评价内容	评价方式			
		分值	自评	互评	师评	合计
职业素养 （30分）	课前准备	5				
	责任意识	5				
	任务实施流程	5				
	组内分工	5				
	安全事项	5				
	工具三清点	5				
专业能力 （60分）	扎带的使用	15				
	泡沫胶的使用	15				
	螺丝胶的使用	15				
	焊锡丝的使用	15				
创新意识 （10分）	创新性思维和行动	5				
	创造兴趣	5				
合计		100				
综合得分						

 拓展阅读

他，是东航发展的见证者。
他，是东航发展的参与者。
他，是一名全国劳模。
他，是一名普通的飞机维修人。

2010年4月27日是一个令张连镖同志永生难忘的日子，庄严雄伟的人民大会堂上胡锦涛总书记、温家宝总理以及其他党和国家领导人缓缓步入主席台，全场起立，掌声雷动。那一刻，时间仿佛停止了一样，永远定格在了张连镖的心中。是什么让他泪水盈眶？是什么坚定了他屹立在飞机背后默默付出的勇气和信念？让我们把时间悄悄拨回到三十年前，去感悟他那平凡而又精彩的人生。

1. 年少怀志梦想起航

——我们总是看到成功者光彩的一面，却不曾想过成功者成功前的迷茫。

张连镖出生在一个军人家庭，从小，张连镖的父亲就长期驻扎在外地，一年到头也回不了几次家，家中只有母亲一个人照料一大家子。父亲虽常不在身边，但因为出于对父亲的憧憬，也让张连镖成为一名不折不扣的军事迷。就在高中毕业之际，学校有了航空兵招募的名额，但不成想母亲得知这个消息后极力反对张连镖入伍，她希望张连镖能够早日成为一名工人为家里解决一部分困难。这让张连镖在梦想和现实中陷入了两难。学校老师得知情况后，找到了地方上招募新兵的首长，共同前往张连镖家里，向他的母亲做了思想工作，在多方的努力下，张连镖终于成了空军39828航空兵团的一名军人，从此便踏上了四年精彩的军旅生涯。

1984年，张连镖退伍回到地方，被分配在一家塑料厂，成为一名普通的操作工。1988年1月1日，民航华东管理局、中国东方航空公司和上海虹桥国际机场正式分离。东航也走上了由区域性航空公司向国际性航空公司转变的道路。机队的不断壮大带来了人员紧张的问题。1989年，东航开始面向社会招贤纳士。东航广招机务的消息很快传到了张连镖的耳中，这让他重新燃起了对飞机维修工作的热情与渴望。他第一时间便报了名，凭借着部队维修飞机的经验和所学，一路过关斩将，最终成了东航的一分子。

人生总有迷茫的时候，人生总有低谷的时候，人生总有那些乌云遮天，人生总有那些看似过不去的坎，但命运总会垂青那些勤奋的人。

全国劳模张连镖东航发展委以重任——真正改变命运的，并不是我们的机遇，而是我们的态度。人生中的一道道门坎，迈过了就是门，跨不过就是坎。

20世纪90年代初，对于整个民航领域来说都面临着机遇与挑战，所有的民航企业都在摸着石头过河。为满足众多新增的航线需求，东航大量引进了MD-82、MD-90、MD-11、Fokker100、Bae-146、A300、A310、A340等多种机型。不同制造商生产的飞机存在着不小差异，这对于航空公司的管理要求非常高，航材的储备，人员的培训与分配，这些都是很棘手的问题。对于维修人员来说也是一个极大的挑战，维修人员唯有通过不断更新新技能、新技术才能满足多机型的维修需求。然而对于张连镖而言，他还要面临从战斗机转到民航飞机的转型，这之间也存在着一个不小的跨度。第一次接触民航飞机的张连镖，觉得既新奇又有些苦恼，他感叹民航飞机的先进，尽管体积庞大却还能如此平稳地飞上天，较之战斗机，还多了许多智能计算机设备。

当时的维修体系并不完善，工卡远不及现在那么详细，也没有中文对照，多数排故工作都是依靠维修人员的经验来完成。为了能使自己尽快掌握民机系统，张连镖总是抱着一本维修手册在钻研，他时不时从工作服的口袋中取出一张小纸条好像在写些什么，时不时又取出一本英文字典翻看手册上的单词。工作时他总是自愿提出留下参与各类故障的排除工作，他非常珍惜与有经验的老师傅一起工作的机会，每次与他们探讨交流总会有不小的收获。排故结束回家后，他也不急着休息，抱着资料钻研老半天，及时总结当天排故过程和细节。张连镖翻越了一座又一座横在民航维修人面前的大山，他的业务能力不断提升，迅速成长为车间的技术骨干，成为能够独当一面的放行人员。

伴随着改革开放的脚步，东航的格局也在不断革新。在十多年里，张连镖总是首当其冲，他从没有停止学习的脚步，在面对新技术时，他非但没有畏难情绪，反而越学越有劲。鉴于多年来的辛勤奋斗与严谨的工作态度，张连镖于2003年被车间委以重任，成为一名班组长。

天降大任于斯人也，必先苦其心志，劳其筋骨。要想不经过艰难曲折，不付出极大努力就获得成功，这种想法只是幻想。

2. 带队有方彰显实力

——为了责任而苦，那是美好的命运。

新的岗位让张连镖瞬间感到肩上的担子更重了，他不仅需要做好自己那一摊子活，而且还得管控好整个团队,合理安排好车间布置的各项任务的同时,还要关心组员的工作状态和思想动态。他的宗旨就是,每天赶在开工前来到车间,了解当天的工作任务后,先仔细地梳理一遍,以便进行合理的分工。提前与各个部门协调沟通,尽早解决工作中可能出现的困难和难题。开工前不忘提醒组员各自任务中的难点和风险点,并再三叮嘱他们务必要规范操作。他还学着当年部队教导员的样子,把新员工的引导和培养作为工作的另一抓手,一有空就和组里新来的员工谈谈工作环境、工作制度和个人发展等,并要求组里的老同志做好传帮带,使新来的同志都能够尽快成长起来,更难能可贵的是,他还经常主动与新员工家长联系,介绍他们在单位工作的实际情况和具体表现,使大人能放心地让他们的孩子在东航工作。

保证飞行安全一直是民航永恒不变的主题,飞机制造商为确保安全,时不时将自家飞机的飞行数据拿来分析,相应的维护手册也就越写越厚,东航作为民航强企,自然也将安全放在首位,因此维修规范越发精细,维修工卡也随之越编越厚。在这种大趋势下,光靠经验来维修飞机基本不可能了,严格按照工卡要求一步步做是最为牢靠的办法。为了让组员尽快适应新形势下的维修特点,张连镖在班组建设上可谓下足了功夫,他积极传达公司关于安全维修的各项规章制度,对于难点重重的工卡,组织全体组员一起学习、一起探讨。在维修工作中,更是以身作则,严格按照工卡要求进行维修,自觉履行公司规定的"九字方针":看一条,签一条,做一条。在他悉心的带领下,他所在的班组展现出惊人战斗力,是车间当之无愧的"尖刀班"。任何急难险重,只要交到他们手里,总能迎刃而解。

3. 情暖东方大爱无疆

——奇迹多是在厄运中出现,经受了火焰的洗礼,就连泥巴也会有坚强的体魄。

2008年5月12日,7.8级的汶川大地震成了每个中国人心中永远的伤痛,突如其来的地震夺走了我们的亲人,然而也将13亿中国人的心凝聚到了一起,神州大地上演了一场规模空前的抗震救灾行动。东航作为国有三大航之一,在灾难降临之初便挺身而出,肩负起央企应尽的社会责任,展现出一切以抗震救灾为重的积极态度。此时,作为班组长的张连镖同志则更是主动请缨,申请参与了抗震救灾的工作,地震发生的第二天,张连镖班组就接到了一个紧急任务。为确保抗震救灾的救援人员和物资能够在最短的时间内送到第一线,原本计划三天内完成的B-6053爱心包机A检工作以及更换4台发动机的工作必须在两天内完成。如此巨大的工作量即便在三天内完成都是件极其艰难的事,更换一台发动机的时间就需近10个小时,更不用说在48小时内完成4台发动机的更换以及常规的A检工作了。但是,接到上级指示后,张连镖同志毫不犹豫,立即对原工作计划进程做出调整,有条不紊地组织人员分批次不间断地48小时连轴运作加班加点,班组成员不但没人有任何怨言,相反个个热情高涨,因为他们知道,他们正在与时间赛跑,在与一条条鲜活的生命赛跑,包机若能早一刻抵达一线,救援人员就有可能多拯救出一名受灾群众,救灾物资就有可能多救助一名伤者。寂静的黑夜,偌大的机库灯火通明,"叮叮哐哐"回荡着机械作业所发出的声音,犹如谱写出的生命交响乐,在场的每一个人都顾不得擦去满头的大汗,精神高度集中,即使是在有限的时间内突击赶工,也必须保证飞机的绝对安全和适航性。最终,整个班组在张连镖同志的带领下终于在次日下午六点左右,完成了这个看似不可能完成的任务。然而,顾不得片刻的休息,听闻车间需要派遣一名放行人员随包机跟班,以保障飞机顺利完成辗转武汉和成都两地运送救援官兵和物资的任务,为了让其他组员获得充分的休息，张连镖同志坚决要求执行这次跟班任务，并在当晚只身一人踏上了飞往抗震前线的征程。

面对万丈悬崖，瀑布选择了微笑，当它纵身飞跃，却为我们创造了疑是银河落九天的壮丽景观。这是生的奇迹，这是"东航奇迹"。

4. 匠心守护劳模表彰

让我们把时间悄悄地再拨回到 2010 年 4 月 27 日，人民大会堂中，胡锦涛总书记在劳模表彰大会上发表了重要讲话，热情赞扬了劳动模范和先进工作者是民族的精英、国家的栋梁、社会的中坚、人民的楷模，殷切希望劳动模范和先进工作者，为党和人民再立新功，他强调实现全面建设小康社会进而基本实现现代化的宏伟目标必须依靠全体人民热爱劳动、勤奋劳动，必须依靠全社会尊重劳动、保护劳动，必须使通过诚实劳动创造美好生活，成为亿万人民的共同追求，我们一定要在全社会大力弘扬劳模精神，用劳模的先进事迹感召人民群众，用劳模的优秀品质引领社会风尚，在全社会进一步形成崇尚劳模、学习劳模、争当劳模、关爱劳模的良好气氛。

张连镖总是强调自己只是一名普通的机务，只是做了自己该做的分内之事，所有的荣誉都是党和国家给予的。

张连镖还有着一个梦想，那就是能够成为一名大学生。2015 年，随着北京劳模大学的开班，张连镖主动提出想要去实现这个梦想。现在他已踏上了新的征程，在劳模班与来自全国各地的劳模一起学习共同成长。

任何过去的荣誉与成就都不是一个人骄傲的理由，昨日已成历史，今日征途漫漫，明日宏图在望。

项目三 认识无人机的机体结构

 项目导入

随着航空维修行业竞争的不断加剧，大型航空维修企业间并购整合与资本运作日趋频繁，国内优秀的航空维修生产企业越来越重视对行业市场的研究，特别是对企业发展环境和客户需求趋势变化的深入研究。正因为如此，机体结构的维修尤为重要。

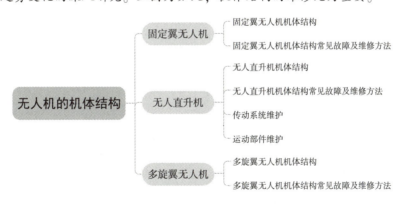

任务 3.1　固定翼无人机机体结构维修

任务导入

固定翼无人机系统由五个主要部分组成：机体结构、航电系统、动力系统、起降系统和地面控制站。

机体结构由可拆卸的模块化机体组成，既方便携带，又可以在短时间内完成组装、起飞。

航电系统由飞控计算机、感应器、负载、无线通信、空电电池组成，完成无人机控制查危系统的需要。

动力系统由动力电池、螺旋桨、无刷电动机组成，提供无人机飞行所需的动力。

起降系统由弹射绳、辅助起降系统、弹射架组成，帮助无人机完成弹射起步和伞降着陆。

地面控制站包括地面站计算机、手柄、电台等通信设备，用以辅助完成路线规划任务和飞行过程的监控。

任务要求

1. 了解无人机维修中扎带的作用。
2. 掌握各种无人机装调场景下线路破损等修复的方法。
3. 掌握无人机常用维修器材的各个特性。
4. 养成材料三清点的良好习惯。

任务目标

1. 熟悉固定翼无人机机体结构。
2. 熟悉固定翼无人机的组成及部分功用。
3. 掌握固定翼无人机机体结构常见故障及维修方法。
4. 养成认识问题、分析问题和解决问题的能力。
5. 养成厚植航空报国的爱国情怀。
6. 简述固定翼无人机的组成及各部分功能。
7. 掌握固定翼无人机的安装与拆卸。
8. 掌握固定翼无人机的维修目的与原理。
9. 能自主分析维修中的不足与问题，并养成结构维修后重复检查的习惯。

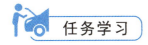

折叠机臂组装

一、知识链接

固定翼无人机机体结构通常包括机翼、机身、尾翼、起落装置和动力装置等，如图 3-1 所示。

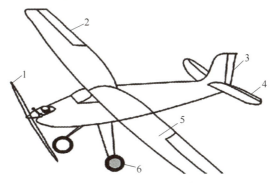

图 3-1　固定翼无人机机体结构
1—螺旋桨；2—副翼；3—垂直尾翼；4—水平尾翼；5—机翼；6—起落装置

1. 机翼

机翼是最主要的部件之一，其主要功能是产生升力。同时机翼内部可以用来装置油箱和设备等；在机翼上还安装有改善起降性能的增升装置和用于飞机侧向操控的副翼；很多飞机的起落架和动力装置也固定在机翼上。在大型客机的机翼上有很多的"倒刺"设计，这些东西的学名叫作放电刷。放电刷在大型客机上都能够看到，比如机翼上、翼梢小翼上、尾翼上都会设计，它的作用就是放电。飞机在高速飞行时，会与空气进行摩擦，或者是穿过带电的云团，或者是内部机械摩擦产生的静电等，这些静电如果不及时释放，很可能会累积从而形成放电现象，对飞机的安全造成危害。放电刷就是利用了尖端放电的原理，让静电集中在这些尖端，然后与空气接触慢慢放电。飞机的平直机翼的下表面气流由于高压而会流向上表面，在翼尖产生较大的旋涡，当飞机飞行速度增加时，旋涡的强度也会随之增加。这种旋涡的能量很大，但是对于飞机的升力和推力都没有任何帮助，反而会增加飞机的阻力和燃油消耗。

2. 机身

机身分为构架式机身、硬壳式机身、半硬壳式机身。机身的功能：装载乘员和货物；安置各种系统设备；连接机翼和尾翼等部件；有的还固定动力装置和起落架。固定翼无人机的机身主要起承载的作用，它可以装载一些武器、燃料、弹药等，并且是其他部件的安装基础。起落架是用来支撑飞机停放、滑行、起飞和着落滑跑的部件，由支柱缓冲器、制动装置、机轮和收放机构组成。陆上飞机的起落装置一般由减振支柱和机轮组成，此外还有专供水上飞机起降的带有浮桶装置的起落架和雪地起飞用的橇式起落架。

3. 起落装置

1）组成

无人机起落装置，包括减振架、圆柱杆、空气减震器、缓冲弹簧、支撑杆和收放机构等。减振架两侧底部连接有减振万向轮，减振架与减振万向轮之间连接有减振弹簧。圆柱杆内部为中空结构，圆柱杆的底端相对的两侧表面分别焊接有固定块，固定块固定连接在减振架的上表面，圆柱杆

螺旋桨更换

内底部表面连接空气减震器底部表面，实现在无人机降落时卸去缓冲力的作用，极大地减少无人机本体因降落中振动和撞击带来的损坏。装置上的减振弹簧和空气减震器具有分散缓冲力的作用。支撑杆支撑无人机在地面上的活动，包括起飞和着陆滑跑、滑行、停放。

2）功能

支撑杆：起支撑作用并作为机轮的安装基础。

减震器：吸收着陆和滑跑冲击能量。

机轮：与地面接触支持无人机的质量，减少无人机地面运动的阻力，可以吸收一部分撞击动能，有一定的减振作用。

收放机构：用于收放起落架以及固定支柱，飞行时可减少阻力。

4. 动力装置

功能：产生拉力（螺旋桨式）或推力（喷气式）使无人机产生相对空气的运动，如图 3-2 所示。

图 3-2　动力装置

5. 尾翼

尾翼是固定翼无人机的重要部件之一。尾翼由垂直尾翼和水平尾翼组成。在垂直尾翼上可活动的表面称为方向舵，在水平尾翼上可活动的表面称为升降舵。还有一种尾翼不需要升降舵，在中央的铰链点安装一片水平尾翼，铰链轴是水平的，这种类型的尾翼称为全动式水平尾翼，可以控制飞行的方向和高度。尾翼上有一些小的舵机，它们可以改变尾翼

的姿态，这样就能改变无人机飞行的方向，使其飞得更稳定，也能在高度和速度变化的时候保持平衡。就像开汽车，用转向盘控制方向一样，无人机用尾翼来调整飞行的方向和高度。这样无人机就能在飞行过程中保持平稳姿态，让飞行更加顺畅。尾翼是无人机能够顺利飞行的关键部件之一。图3-3所示为全动式水平尾翼。

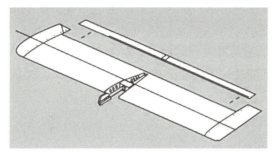

图3-3　全动式水平尾翼

二、技能链接

平尾安装及检查

一般消费者对使用的无人机了解比较片面，认为无人机的设计、组装、调试和飞行是无人机的全部。加上也没有太多连续的飞行任务，对维护保养方面一直不太在意。经常是飞完后直接装箱，再飞的时候拿出来组装飞行。随着任务的增加，问题渐渐浮出水面。典型的问题有以下几种：

（1）再次飞行的时候发现零配件缺失，导致无法飞行；

（2）组装过程中发现飞机有损坏的地方；

（3）飞行过程中经常出现发动机熄火、电池异常，甚至在飞行中出现过飞机解体的情况。

经过多次的教训和深入的思考，总结出几个问题出现的原因：

（1）在无人机飞行后没有将零部件和工具归位，导致再次飞行时缺东少西。

由于没有规范的管理，回收后的无人机没有固定的存放位置，每次飞行前都需要重新收拾零件、工具和其他的辅助设备。加上平时接触无人机的人比较多，使用工具或者动用无人机的部件没有记录，久而久之出现丢三落四的情况。这是很多无人机团队在初期的通病。只有从开始就制定好规范，对每个工作环境进行问责制，才能有效地避免这种混乱带来的缺件问题。

（2）在飞行后没有对无人机进行全面彻底的检查，不能发现在使用中造成的损坏。

无人机和有人机不同，几乎没有哪次是在条件良好的机场跑道上进行起降的。由于起降场地的条件差，尤其是常规起降的无人机极容易在起降过程中因为冲击大造成局部的损伤。而且有些结构损伤是不容易从外表发现的。在每次飞行后都应该对飞行器本身进行全面细致的检查，及时发现并排除隐患。

（3）重要的设备需要定期检修，避免因长时间使用造成的损坏。

无人机是一种长期、重复使用的工具。在多次使用后，一些重要设备容易出现问题。

以固定翼无人机为例，发动机、电源和结构连接是需要重点监控的部分。接触无人机早期，在这三个部分我们吃了不少亏。以前总是觉得发动机调整好了就可以一劳永逸了，结果用了一段时间发现发动机经常出现熄火、转速不稳、拉力下降等问题。反复调整无效后对发动机进行了拆解，发现由于长时间处于不佳工况，发动机严重积炭，导致火花塞堵塞，容易熄火。化油器滤网没有定期清洗，已经堵塞严重，导致供油不足。此后，我们将发动机检查作为定期维护的重点。

电源问题同样严重，无人机飞行时间长，环境振动大，对电池组的耐用性要求很高。再加上缺乏常识，飞行间隔时间不固定，电池经常满电存储，造成电池性能下降很快。同理，无人机的结构，尤其是连接部分由于经常拆装和振动冲击，容易老化损坏，都是在维护过程中需要重点注意的地方。

1. 固定翼无人机常见故障

1）飞行器起飞不了故障

（1）风叶装反。

（2）遥控器或机身电池电量不够。

（3）发动机损坏。

（4）电路板损坏。

火花塞检查

2）飞行器起飞偏移故障

（1）飞行环境风力很大。

（2）遥控器没有进行微调操作。

（3）风叶变形。

（4）对频时，飞行器没有放置在水平面上。

3）飞行器无法升高故障

（1）操控遥控器，旋翼转动速度太慢。

（2）飞行器电池电量低。

（3）风叶正反装错。

4）飞行器无法控制故障

（1）风力太大致使飞行器很难控制。

（2）飞行器超过有效遥控距离。

（3）遥控器电池松动导致断电，信号中断。

5）飞行器过快着陆故障

（1）动力操控杆过快往回拉。

（2）电池电量过低。

6）遥控器无法操控无人机故障

（1）没有打开遥控器电源开关。

（2）没有依正确电极指示放入电池。

（3）电池电量不够。

7）飞行器电池发热故障

请不要在产品使用后，电池尚热的情况马上充电。充电时，电池微量发热属于正常情况。当电池产生过热时，请马上拔出充电器电源。

8）飞行器充电器产生异常故障

当充电器无法继续为电池充电或者产生异味、噪声或烟雾等，请马上拔出电源，并更换新的充电器。

9）无人机调平

自动飞行时偏离航线太远，检查无人机是否调平，调整无人机在没有人干预下能直飞和保持高度飞行。

其次，检查风向及风力，因为大风也会导致这类故障，应选择在风小时起飞无人机。

再者，检查平衡仪是否放置在适合的位置，把无人机切换到手动飞行状态，把平衡仪打到适合的位置。

2. 固定翼无人机维修

机翼：无人机飞行时进行滚转运动，随着高度下降，无人机向两端侧滑。可以对破损的机翼进行修复，必要时可以对机翼进行更换。

副翼、升降舵、方向舵：松动导致操控不灵活，可以拧紧螺钉或者更换螺钉。

机体：受到损坏导致机体变形，可以用定制泡沫胶进行固定。

起落架：无人机起飞和落地不稳，可以对起落架进行调平和加固。

固定翼无人机的维修如图3-4所示。

图3-4　固定翼无人机的维修

三、案例

追云无人机厂家售后维修案例解析

近年来，随着无人机应用领域的不断扩大，无人机的使用率也越来越高。但是在使用无人机过程中，难免会出现故障和损坏。因此，厂家售后维修服务至关重要。本文将以追云无人机厂家为例，分析售后维修案例，并提供解决方案。

案例说明：

某无人机用户在使用过程中，发现无人机出现了降落不稳和云台俯仰不稳的问题。用

户拨打追云无人机厂家售后服务电话，联系售后工程师。售后工程师到达现场后，经过专业检测，发现此无人机的降落装置和云台出现了故障。降落装置故障的原因是：无人机起飞时，机身前端热胀冷缩所致，导致降落装置外壳变形而产生卡顿。云台故障的原因是：云台变速器摩擦力不足，导致云台上下甚至上下左右的运转不稳定。

根据上述问题，售后工程师给出了解决方案。

1. 降落装置故障处理

由于降落装置外壳变形，为了防止系统出现过多的负载，应该更换降落装置组件。

2. 云台故障处理

针对云台变速器摩擦力不足的问题，售后工程师推荐了两种方案。方案一：加大润滑油的注入容积，以增加润滑油的润滑性质。方案二：将原变速器的齿轮更换成更加耐用的齿轮，以进一步提高摩擦力，防止出现云台的运行不稳定现象。

维修方案的效果：

经过上述处理方案的实施，用户反馈问题成功解决。无人机降落装置和云台能够正常运作，达到了设计效果，用户对追云无人机厂家的售后维修服务和专业知识表示满意。

维修案例的启示：在进行无人机售后维修时，应根据故障原因进行维修处理，并避免不必要的修理和更换。此外，在进行故障排除和维修时，售后工程师也应该关注无人机操作手册中的说明和规范，确保无人机的维修和使用在规定范围内。最后，厂家售后服务的及时响应和有效解决故障，能够提高用户对本品牌的满意度，提高品牌忠诚度。

任务实施

（1）课前准备。

学生完成老师发布的课前预习工作。

（2）任务引导。

请列出固定翼无人机主要组成部分的典型故障、故障原因及排除方法，并填表3-1。

表3-1 无人机故障原因及排除方法

类型	典型故障	故障原因	排除方法
起落架			
方向舵、升降舵、副翼			
机翼			
机体重心			
机体			

(3) 填写固定翼无人机维修方式所用到的工具及数量，如表 3-2 所示。

表 3-2　固定翼无人机的维修方式

序号	维修方式	维修所用到的工具	数量	备注
1	飞前检查			
2	问题排查			
3	定期维护			
4	返厂维修			
5	更换配件			

(4) 对出现不同问题的固定翼无人机进行筛选，并解决相应问题。

出现问题：_____　　解决措施：_____

(5) 教学与实践相结合，培养学生自主动手解决问题的能力。

出现问题：_____　　解决措施：_____

(6) 发布头脑风暴任务，以小组形式即时搜索固定翼无人机出现问题如何维修的案例。

出现问题：_____　　解决措施：_____

(7) 简单阐述固定翼无人机维修的意见和看法。

维修意见：_____　　维修看法：_____

思考与练习

一、判断题

1. 一般固定翼无人机机体由五部分组成。　　　　　　　　　　　　　(　　)
2. 无人机飞行时发生滚转运动，高度加速下降是因为机翼发生故障。(　　)

二、填空题

1. 机翼的主要功用是产生_____，以支持无人机在空中飞行。
2. 动力装置主要用来产生_____和_____，使无人机前进。
3. 机体重心故障可以用重新安装_____与_____的位置，使固定翼的重心在离机翼前缘 30% 的位置的方法来排除。

三、简答题

固定翼无人机机体故障在排除时，应该注意哪些事项？

任务评价

任务评价如表 3-3 所示。

表 3-3　任务评价

姓名		学号				
评价方面	评价内容	评价方式				合计
		分值	自评	互评	师评	
职业素养 （30分）	课前准备	5				
	责任意识	5				
	任务实施流程	5				
	组内分工	5				
	安全事项	5				
	材料三清点	5				
专业能力 （60分）	对固定翼无人机机体结构的了解	12				
	固定翼无人机维修的方式	12				
	固定翼无人机维修的目的	12				
	掌握维修器材特性	12				
	与组员合作的能力	12				
创新意识 （10分）	创新性思维和行动	5				
	创造兴趣	5				
	合计	100				
	综合得分					

任务 3.2　无人直升机机体结构维修

任务导入

正当世界上一些发达国家积极投入无人驾驶直升机研制时，中国的航空工业者也在埋头苦干，研制着自己的无人直升机。1993 年 9 月 29 日，中国第一架共轴式双旋翼无人驾驶直升机"海鸥"号首飞成功，标志着我国已经攻破了相应的一系列技术难关。据报道，"海鸥"号总质量 300 kg，发动机功率 58.8 kW。机上有飞控导航系统和遥测系统，可以自主飞行或遥控飞行。这种直升机也可用于军事，在战场侦察、探测等方面发挥重要作用。

任务要求

1. 掌握无人直升机机体结构与组成。
2. 明确无人直升机维修的目的和作用。
3. 分析各种维修方式对无人直升机的利弊。
4. 懂得正确选择预防性修理的工作方式。
5. 熟悉无人机直升机的特性。

任务目标

1. 熟悉无人直升机的作用。
2. 在老师的指导下掌握无人直升机的结构和系统。
3. 养成认识问题、分析问题和解决问题的能力。
4. 养成沟通协作的团队能力。

任务学习

一、知识链接

无人驾驶直升机是指由无线电地面遥控飞行和自主控制飞行的可垂直起降（VTOL）不载人飞行器，在构造形式上属于旋翼飞行器，在功能上属于垂直起降飞行器。近十几年来，随着复合材料、动力系统、传感器，尤其是飞行控制等技术的研究进展，无人直升机得到了迅速的发展，正日益成为人们关注的焦点。图3-5所示为美国首架可无人驾驶"黑鹰"直升机。

图3-5 美国首架可无人驾驶"黑鹰"直升机

无人直升机具有独特的飞行性能及使用价值。与有人直升机相比，无人直升机由于无人员伤亡、体积小、造价低、战场生存力强等特点，在许多方面具有无法比拟的优越性。与固定翼无人机相比，无人直升机可垂直起降、空中悬停，朝任意方向飞行，其起飞着陆场地小，不必配备像固定翼无人机那样复杂、大体积的发射回收系统。在军用方面，无人直升机既能执行各种非杀伤性任务，又能执行各种软硬杀伤性任务，包括侦察、监视、目标截获、诱饵、攻击、通信中继等。在民用方面，无人直升机在大气监测、交通监控、资源勘探、电力线路检测、森林防火等方面具有广泛的应用前景。

无人直升机机体结构主要由主旋翼、尾桨、起落架、机身、传动装置、动力装置等构成，如图3-6所示。

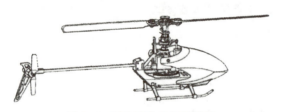

图3-6 无人直升机机体结构

主旋翼系统是无人直升机最重要的操纵设备，使用操纵机构控制旋翼拉力的大小和方向，实现对无人直升机的主要飞行操纵。无人直升机上可以有一个或两个旋翼。通常用双旋翼系统，是直升机和旋翼机等旋翼航空器的主要升力部件，主旋翼由桨毂和数片桨叶构成，桨毂安装在旋翼轴上，形如细长机翼的桨叶则连在桨毂上。主旋翼的作用：①产生升力，用以平衡直升机的重力以及机身、平尾、机翼等部件在垂直方向上的分力；②产生向前的水平分力，克服空气阻力使直升机前进；③在悬停时，产生侧向或向后水平分力，使直升机进行侧飞或后飞。图3-7所示为双旋翼直升机。

旋翼系统由自动倾斜器、桨叶和桨毂组成。自动倾斜器又称斜盘（俗称十字盘），用来改变旋翼桨叶的桨距。自动倾斜器主要由变距拉杆、旋转环、不旋转环组成。旋翼系统中，桨叶是提供升力的重要部件，对桨叶设计除去气动力方面的要求之外，还有动力学和疲劳方面的要求。例如所设计的桨叶的固有频率不与气动激振力发生共振，桨叶挥舞、摆振基

图 3-7　双旋翼直升机

频满足操纵稳定性和"地面共振"等要求；桨叶承力结构有高的疲劳性能或采用破损安全设计等。旋翼桨叶的发展是建立在材料、工艺和旋翼理论基础上的。依据桨叶发展的先后顺序，它有混合式桨叶、金属桨叶和复合材料桨叶三种形式。图 3-8 所示为自动倾斜器。

大多数单主旋翼直升机需要一个单独的尾桨系统来克服主旋翼旋转产生的扭矩。尾桨的结构形式有跷跷板式、万向接头式、铰接式、无轴承式、涵道尾桨式无尾桨。图 3-9 所示为涵道尾桨。

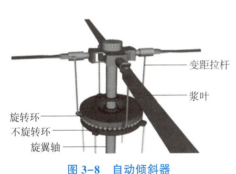

图 3-8　自动倾斜器

图 3-9　涵道尾桨

直升机起落架的主要作用是吸收在着陆时由垂直速度带来的能量，减少着陆时撞击引起的过载，以及保证在整个使用过程中不发生"地面共振"。此外，起落架往往还用来使直升机具有在地面运动的能力，减少滑行时由于地面不平而产生的撞击与颠簸。直升机的起落架一般分为滑橇式和轮式两种，轮式又可以细分为可收放和不可收放两种。滑橇式一般用于轻型直升机，结构简单可靠、维护简单，还可作为无动力自旋着陆的缓冲。但缺点是移动直升机不方便，需要单独加装移动直升机用的轮子才能方便地移动直升机，由于滑橇式多为轻型机，这一缺点倒也不明显。轮式起落架多用在中型、重型直升机，降低了移动直升机时的难度，可外力牵引也可自行滑跑。不可收放轮式起落架也有增强硬着陆缓冲的效果。可收放式起落架的优点是减小阻力或增强隐身效果。轮式还有一个优点就是可以让直升机进行滑跑起飞，比一般垂直起飞的载重量更大。

典型的无人直升机动力装置是安装在机身上的往复式发动机。发动机可以采用垂直安装或者水平安装方式，通过传动装置将动力传到垂直的主旋翼和尾翼的传动轴上。

目前的无人直升机动力装置,无论是航空汽油活塞式发动机还是涡轴发动机,基本上都采用现有的成熟发动机型号,但是新的动力装置形式已经在加速孕育和发展之中。结合目前有人直升机动力装置的发展方向,并从军事用途的需求考虑,重油活塞式发动机和纯电/混合电推进或将成为军用无人直升机的动力选项。图3-10所示为动力和传动装置。

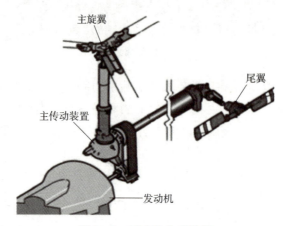

图3-10 动力和传动装置

飞行控制系统主要由陀螺仪(飞行姿态感知)、加速度计、地磁感应、气压传感器(悬停高度粗略控制)、超声波传感器(低空高度精确控制或避障)、光流传感器(悬停水平位置精确确定)、GPS模块(水平位置高度粗略定位)以及控制电路组成,主要的功能是自动保持飞机的正常飞行姿态。

二、技能链接

1. 传动系统故障诊断

传动系统是直升机的关键系统,同时也是涉及部件较广的一个系统,它负责将发动机动力按一定的比例传递到旋翼系统等部件,以驱动旋翼旋转。在系统中,传动系统故障诊断模块主要包括对传动轴、滚动轴承、齿轮箱三个部分的故障分析和诊断。其中传动轴主要包括动力传动轴和尾传动轴两部分,齿轮箱部分主要是对主减速器和尾减速器进行信号分析。

在直升机的运行活动中传动轴是将发动机动力传送到旋翼的传动机构,其自身的运行状态对直升机传动系统和整个直升机的运行状态都会产生影响,传动轴在运行中可能产生的故障主要有三种,分别是传动轴的不平衡、不对中、与静止件摩擦,对直升机传动轴的故障判断主要通过直升机静止状态下传动轴的运行状态来判断。对传动轴不平衡故障的诊断,通过计算传动轴在固定时间内的转动频率和转动时振动的频率进行计算来诊断,故障表现为固定转速的传动轴振动与振动标准差距大,振动随转速变化明显、传动轴转动轨迹为椭圆。对传动轴不对中故障的诊断,故障表现为传动轴处于中挡转速时振动最大,在低转速和高转速时振动随转速的变化明显,传动轴的转动轨迹为双椭圆。传动轴与静止件摩擦故障,表现为在一定时间内传动轴的转动速度相较于发动机有差异,轴心轨迹较为散乱。

(1) 传动轴的不平衡:计算旋转频率为 1 Hz,特征为 1 Hz 振动大,振动随转速变化明显,轴心轨迹为椭圆。

(2) 传动轴的不对中:计算旋转频率为 1~3 Hz,特征为 2 Hz 振动大,同时伴有 1 Hz 和 3 Hz 振动随转速变化明显,轴心轨迹为双环椭圆。

(3) 传动轴与静止件摩擦:时域波形存在严重削波,轴心轨迹为扩散或紊乱。

(4) 传动轴支承系统连接松动:计算旋转频率为 1~3 Hz,松动方向振动增大,轴心轨迹为紊乱。

(5) 传动轴横向裂纹:计算临界点为 2 Hz,轴心轨迹为双环椭圆或不规则,此算法应用于发动机启停过程。

2. 滚动轴承故障诊断

当滚动轴承出现局部损伤时,在受载运转过程中,轴承的其他零件会周期性地撞击损伤点,产生的冲击力激励轴承座及其支撑结构,形成一系列由冲击激励产生的减幅振荡。滚动轴承的故障特征频率即是此减幅振荡产生的频率,也称为"通过频率",它由轴承几何尺寸、轴的转速以及损伤点的位置(即是外圈故障还是内圈故障等)确定。根据故障特征频率,可以判断轴承是否出现故障并确定故障发生的位置。此外,由于轴承在无故障运转时,其幅值分布理论上应接近于正态分布。然而随着故障的发生,其信号幅值分布也会产生变化,使其正态曲线出现偏斜或分散;其各项时域参数也会发生变化,超过其正常范围。

三、拓展阅读

逆向而行,赶赴第一线

听到重庆发生严重山火时,作为"清航装备"的创始人,李京阳(清华大学航空航天学院 2015 届,博士)当即与重庆北碚区火场前线指挥部取得了联系,自愿请战,带领团队逆向而行赶赴救援第一线。

经过两天一夜的长途跋涉,"清航装备"的灭火救援团队于 8 月 26 日下午 4 点 30 分顺利抵达重庆市缙云山,与消防指战员一起开展灭火任务。

8 月 25 日晚,肆虐近五天的重庆缙云山火明火已有效封控,但是由于山高坡陡弯急、植被茂密,并且受高温天气、风向等不可控因素影响,灭火的后续工作仍然面临诸多困难。对于打灭早期火、局部火、复燃火点,无人机则具有独特的优势。"清航装备"团队自行研发制造的察打一体 QH-120 森林消防无人直升机起飞质量 120 kg,有效载荷 60 kg,升限 5 500 m,续航时间 3 h,航程 200 km,巡航速度 160 km/h,可挂载灭火弹、空投物资,起降不受复杂地形与环境限制。

昼夜连续起降，高效打灭复燃火点

抵达后，"清航装备"快速部署加入救援工作。首先找到临时起降点，迅速完成飞行前准备工作，然后指挥部指令告知大致火点，报告飞行航线，待指挥部批准后无人机直接起飞，自动飞行到目标区域，通过机载光电吊舱锁定目标，确定后，投送灭火弹至目标区域上空爆开，投放灭火剂灭火，最后无人机返航，依次往复。

8月26日晚9点至8月27日中午12点，QH-120森林消防无人直升机多次紧急起降，执行远距离、高落差灭火弹抛投任务，减少并降低了消防指战员翻山越岭灭火的工作量与难度，对打灭局部火、打灭复燃火点具有显著效果。

经过昼夜不停的奋战，8月27日下午，李京阳和他的团队圆满完成了任务，顺利撤离前线平安返回。

行胜于言

"清华大学'行胜于言'的校风深深地刻进了每一名清华学子的血液，大灾面前尤其需要这种精神和担当，这是学校教育我们的，我很自豪我们也是这么做的，在祖国最需要的时候奋不顾身，承担责任，这是我们的无上光荣。"这是李京阳参加重庆山火救援工作后的真情流露。

2019年，第五届中国国际"互联网+"大学生创新创业大赛全国总决赛冠军争夺赛现场，李京阳表示，他致力于研发世界首架交叉双旋翼无人直升机的初衷，就是希望能广泛应用于应急救援、物资运送、无人物流等场合，有效解决实际问题。

3年来，"清航装备"团队时刻不忘他们的创新创业初心，不断在无人直升机技术及应用上实现自我突破，2020年其无人直升机列入北京市首批应急科技先进装备；2022年其平台产品总体列入公安部列装名录。这次重庆缙云山森林火灾救援，李京阳和他的察打一体QH-120森林消防无人直升机更是以实际行动实践了他们的创新创业初心，在打灭复燃火焰、物资运送和后勤补给等森林火灾扑灭难题上贡献了清华学子的智慧和力量。

"清航装备"由清华大学博士团队于2015年创建，致力于尖端无人直升机研制，应用于无人作战、应急救援、物资运送、无人物流等领域，截至目前，已完成多型号交叉双旋翼无人直升机定型产业化并实现批量交付。先后荣获国家高新技术企业、国家科技型中小企业、北京市"专精特新"中小企业、北京市国民经济和装备动员重点单位、北京市知识产权示范单位等荣誉称号，研发团队荣获北京市工人先锋号荣誉称号。

任务实施

（1）课前准备。

提前查阅资料，了解无人直升机机体结构常见的故障以及维修方法。

（2）任务引导。

了解无人直升机机体故障及维修方法，并填表3-4。

表 3-4　无人直升机机体故障及维修方法

故障部位	维修方法
主旋翼	
尾桨	
起落架	
机身	
传动装置、动力装置	

（3）引导学生对无人直升机机体结构出现问题进行分析与解决，培养学生兴趣与爱好。

出现问题：_____　　解决措施：_____

_____　　　　　　_____

（4）通过对故障无人直升机的讲解，让学生认识到按时检修和维护的重要性。

出现问题：_____　　解决措施：_____

_____　　　　　　_____

（5）发布头脑风暴任务，以小组形式即时搜索无人直升机出现故障的案例。

出现问题：_____　　解决措施：_____

_____　　　　　　_____

（6）对无人直升机各机体结构进行检测，并填表 3-5。

表 3-5　无人直升机机体检测

序号	检测部位	自检情况	备注
1	主旋翼		
2	尾桨		
3	起落架		
4	机身		
5	传动装置		
6	动力装置		

思考与练习

一、判断题

1. 无人直升机的主要结构有机身、动力系统、传动系统、旋翼系统、尾翼、起落架等。（　　）

2. 长时间未作业，定时清洗尾桨对无人直升机没有坏处。（　　）

3. 在飞行过程中飞机不按照直线飞行是因为 GPS 定位不准。（　　）

二、填空题

1. 无人直升机机体结构分为_____、_____、_____。

2. 无人直升机旋翼结构分为_____、_____、_____、_____。

三、简答题

1. 无人直升机主桨总成失灵的原因以及解决方案是什么？
2. 无人直升机机架的作用是什么？

任务评价如表 3-6 所示。

表 3-6 任务评价

姓名		学号				
评价方面	评价内容	评价方式				合计
		分值	自评	互评	师评	
职业素养（30 分）	课前准备	6				
	责任意识	6				
	任务实施流程	6				
	组内分工	6				
	安全事项	6				
专业能力（60 分）	对无人直升机机体结构的了解	15				
	对无人直升机维修的理解	15				
	对航空维修的理解	15				
	预防无人直升机故障的目的	15				
创新意识（10 分）	创新性思维和行动	5				
	创造兴趣	5				
合计		100				
综合得分						

任务 3.3　认识多旋翼无人机

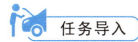

多旋翼无人机，是一种具有三个及以上旋翼轴的特殊的无人驾驶直升机。其通过每个轴上的电动机转动带动旋翼，从而产生升推力。旋翼的总距固定，而不像一般直升机那样可变。通过改变不同旋翼之间的相对转速，可以改变单轴推进力的大小，从而控制飞行器的运行轨迹。无人机系统包含了无人机飞行平台、相关的遥控站、所需的指令与控制数据链路。旋翼无人机操控性强，可垂直起降和悬停，主要适用于低空、低速、有垂直起降和悬停要求的任务类型。

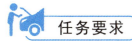

1. 掌握多旋翼无人机机体结构与组成。
2. 明确多旋翼无人机维修的目的和作用。
3. 分析各种维修方式对多旋翼无人机的利弊。
4. 懂得正确选择预防性修理的工作方式。
5. 熟悉多旋翼无人机的特性。

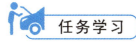

1. 掌握多旋翼无人机的基本维修技能。
2. 熟悉多旋翼无人机各种组成部分。
3. 掌握多旋翼无人机机架结构。
4. 加强对航空安全的注意事项。
5. 养成沟通协作能力。

一、知识链接

1. 机架

1）作用

机架是多旋翼无人机的承载平台，所有设备都是用机架承载。因此，机架的好坏，很大程度上决定了这架多旋翼无人机是否好用。一个机架的好坏,可以从耐用性和安全性、使用方便程度、元器件安装是否合理等方面衡量。

2)指标参数

质量和轴距是指对角线两个螺旋桨中心的距离,单位通常是毫米(mm),用于表达机架的尺寸大小。

3)机架类型

(1)塑料机架:具有一定的刚度、强度和可弯曲度,价格比较低廉。

(2)玻璃纤维机架:强度比较高,需要的材料比较少,可以减轻整体机架的质量。

(3)碳纤维机架:价格高、质量轻。出于结构和质量考虑,大部分无人机都使用碳纤维机架。

2. 起落架的作用

(1)支撑多旋翼无人机的重力。

(2)避免螺旋桨离地太近,而发生触碰。

(3)减弱起飞时的地效。

(4)消耗和吸收多旋翼无人机在着陆时的撞击能量。

3. 电机

电机是指依据电磁感应定律实现电能转换或传递的一种电磁装置,分为电动机(符号为 M)和发电机(符号为 G)。电机是由电动机主体和驱动器组成的,是一种典型的机电一体化产品。在整个系统中,起到提供动力的作用,相当于无人机的发动机。

4. 电调

电调全称电子调速器,简称 ESC。在整个飞行系统中,电调主要提供驱动电机的指令,来控制电机,完成规定的速度和动作等,相当于无人机的变速器。电调输入的是直流电流,可以接稳压电源或者锂电池,一般由 2~6 节锂电池供电;输出的是三相脉动直流,直接与电机的三相输入端相连。如果上电后电机反转,只需要把这三根线中间的任意两根对换位置即可。电调还有一根信号线连出,用来与接收机连接,控制电机的运转,连接信号线的共地。

5. 桨叶

桨叶是通过自身旋转,将电机转动功率转化为动力的装置。在整个飞行系统中,桨叶主要提供飞行所需的动能。按材质一般可分为尼龙桨、碳纤维桨和木桨等,相当于汽车的轮胎。

6. 电池

电池是将化学能转化成电能的装置。在整个飞行系统中,电池作为能源储备,为整个动力系统和其他电子设备提供电力来源。目前在多旋翼无人机上,一般采用普通钾聚合物电池或者智能钾聚合物电池等。

7. 遥控系统

遥控系统由遥控器和接收机组成，是整个飞行控制系统的无线控制终端。接收机和遥控器是配对的，接收机负责传送遥控器所发出的指令给飞行控制系统。遥控系统能对相隔一定距离的被测对象进行控制，并使其产生相应的控制效果。

8. 飞行控制系统

飞行控制系统集成了高精度的感应器元件，主要由陀螺仪（飞行姿态感知）、加速度计、角速度计、气压计、GPS 及指南针模块（可选配），以及控制电路等部件组成。

二、技能链接

多旋翼无人机的日常维护：先制定一套完整记录零件使用次数和更换周期的表格，对于易损品和消耗品（如电池、电机、舵机、卡扣、滑环等）做好使用次数记录，当次数达到一定量时就必须及时更换。对存放环境和条件做一些硬性要求。每次飞行任务结束后及时进行清理，电机、电调等这种不是封闭但是很脆弱的电子元件都需要好好清理。定期进行飞行测试，测试的目的是看机械结构是否老化失去强度，飞控系统是否存在潜在危机，插头焊接点是否牢靠，如图 3-11 所示。

图 3-11 多旋翼无人机的日常维护　　　　任务舱"L 型卡扣"使用

三、多旋翼无人机概论

历史、现状及未来发展趋势

多旋翼无人机是一种可以通过遥控或者自主导航进行飞行任务的飞行器，在军事侦察、灾难救援、安全巡逻，以及影视拍摄等领域得到了广泛应用。本文将从历史、现状及未来发展趋势三个方面来了解多旋翼无人机。

历史：最早的无人机概念可以追溯到第一次世界大战时期，当时英国研制了可以通过无线电遥控的无人飞梭，之后，无人机得到了飞行稳定性的迅速提升。当今多旋翼无人机的基础原理，可以追溯到 1940 年的哈特旋翼飞行器，后来发展出了搭载更多摄像头、多用户预订等更多功能的无人机。

现状：以美国为例，无人机行业市场快速发展，无人机产业现在已经形成了空地一体化的规模化生产，包括制造、工程技术和数据服务在内，无人机已经成为极具发展潜力和市场前景的行业。2018 年，无人机领域的年产值已经达到 8.1 亿美元，预计在未来几年内将以每年超过 10%的增长率增长。

未来发展趋势：多旋翼无人机的应用前景令人振奋，我们可以期待未来的发展方向和趋势。首先，随着电子技术的快速发展，无人机驱动器及控制系统的技术也在不断升级，能够更好地应对复杂气象条件，为搜救、警务和军事等领域提供更精准的支持。其次，无人机在商业领域的应用也有望得到充分发展，例如智能快递或医疗救治等领域。最后，在无人机数据化的时代，通过无人机获取数据和信息，促进行业的精细化管理和高效化运营，也成了国家战略发展的一项重要任务。综上所述，多旋翼无人机行业具有广阔的市场前景，而技术创新和工业升级是这个行业快速发展的驱动力。希望未来将实现更具有效性、高效的行业应用，同时这一领域也将为国家的创新能力和产业升级做出重要贡献。

 任务实施

（1）课前准备。

学生提前自主上网查询相关内容，完成老师预留的任务。

（2）任务引导。

了解各种机架的特点，并填表 3-7。

表 3-7 各种机架特点

机架类型	特点
塑料机架	
玻璃纤维机架	
碳纤维机架	

① 对于自己 DIY 的多旋翼无人机，一个螺旋桨损坏了，为什么要换一对新的？
② 多旋翼无人机的机体结构是由哪几部分组成的？

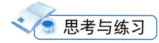

一、判断题

1. 相比于单旋翼无人机，多旋翼无人机载重能力高、续航能力强。　　（　　）
2. 无人机结构设计中，应尽量减轻结构质量。　　（　　）
3. 在机架的日常维护中，我们常用清水冲洗保养。　　（　　）

二、填空题

1. _____是大多数设备的安装位置，也是多旋翼无人机的主体。

2. 多旋翼无人机平台结构通常包括_____、_____、_____和_____等。

三、简答题

1. 机架的作用有哪些？
2. 怎样对机架进行日常检查与维护？

任务评价

任务评价如表 3-8 所示。

表 3-8 任务评价

姓名			学号			
评价方面	评价内容	评价方式				
		分值	自评	互评	师评	合计
职业素养 （30 分）	课前准备	6				
	责任意识	6				
	任务实施流程	6				
	组内分工	6				
	安全事项	6				
专业能力 （60 分）	对多旋翼无人机机体结构的了解	15				
	对多旋翼无人机维修的理解	15				
	对航空维修的理解	15				
	预防多旋翼无人机故障的目的	15				
创新意识 （10 分）	创新性思维和行动	5				
	创造兴趣	5				
合计		100				
综合得分						

拓展阅读

民航资源网 2011 年 5 月 9 日消息：5 月的正午骄阳似火，南方边陲的小城昏昏欲睡，三亚凤凰国际机场燥热的机坪上一群男人和他们心爱的飞机喧闹着、忙碌着……

中午 12 点 30 分年轻的中国南方航空股份有限公司（简称"南航"）三亚飞机维修厂航线机务小漫像往常一样做着例行的短停检查，走到发动机旁边时，他发现有一小滩油迹在飞快地蒸发缩小。阳光下滚烫的机坪让油迹转眼就蒸发、消失了。

小漫打开包皮，发动机管路附件复杂有序地排列着，没有什么异常。只是空气中多了一丝燃油的味道。难道是燃油渗漏了，小漫没有放过这小小的疑点，赶紧报告给了工段长——财哥。

财哥到驾驶舱询问了机组上一个航段加油的数量,通过计算油耗的情况,大家都有些惊讶,每小时整整多消耗了300 kg燃油,这是一个近四小时的航程,1 t多的燃油不知去向。

财哥赶紧通知调度,调换航班,生产调度查看了当日的运力情况,果断地提出本次航班和计划下午3点起飞的一架A321飞机对调航班,这样就给航线的同志挤出了2 h时间。时间紧迫,财哥赶紧联系拖车把飞机拖到试车位。拖飞机的同时,另一组人员已经完成A321飞机的航前准备工作。

下午1点30分飞机被拖到29号试车位,财哥分配人员进行监护和试车的准备,小漫被安排到发动机旁查找燃油渗漏点,南航三亚机队选装的IAE公司出品的V2533发动机,运转起来可以产生33 000 lb[①]的推力,站在它的旁边实在是充满挑战的一件事。准备就绪以后财哥稳稳地启动了发动机。小漫戴着耳机靠在发动机旁,忍受着超过120 dB的噪声,发动机上布满了高温部件,每次不小心地触碰都烫得他钻心的痛,但此时的小漫已经全然不顾这些,只是在认真地查看着每一个燃油有关的部件。忽然小漫发现在风扇机匣的4点钟位置有燃油流出,仔细查找发现在IDG的燃油滑油热交换器的壳体上有几个小孔在喷射燃油。

小漫将情况通知了驾驶舱的财哥,财哥稍微加大了一点油门,燃油立刻呈喷射状流出,和预先计算的每小时泄漏300 kg燃油的情况基本吻合。财哥赶紧收油门停车,电话联系了航材值班员,很快消息反馈回来,本场无件!已经联系广州用最近的一个航班带件。飞机大概在下午3点05分起飞。时间很紧迫,广州航材AOG的同志正在想尽办法把航材送上飞机。

财哥把情况通知了生产调度,等航材带到,故障预计在下午6点完全排除,这架飞机已经不能执行下午3点的航班了。生产调度答复,本次航班可以改由下午5点起飞的波音737执行。但是下午5点的航班已经无法再调配了,延误多少时间就要看你们排除故障的速度了。时间就是效益,时间也是南航的信誉。工段长带领几个业务突出的同志一起研究维护手册的更换步骤,提前拆下了故障的部件,一切都准备好了,就等广州带件的航班落地了。下午4点50分航材带到,几个手快的同志仅用了40多分钟就装好了部件,试车正常。下午5点40分对讲机里传来空客车间的报告,飞机故障已经排除,可以投入航班使用。此时机组早已在机场的SOC待命,接到通知后迅速进场。晚上7点整航班顺利出港了。

从发现故障到带件再到排除一共用了6 h,经过生产调度的精心调配,航班无延误。航材的同志也是功不可没,广州AOG找齐部件时离带件的飞机起飞只用了不到15 min。大家都很努力,一切都很顺利。大南航的各系统间的配合运作在这一刻显示了强大的能量。

回头想想这个故障真的有些后怕,每小时300 kg的燃油泄漏,地面毫无征兆,在空中泄漏的燃油一旦被发动机的高温部件引燃,后果不堪设想。

晚上7点,下班。大家都有些兴奋,提议一起吃顿饭,饭桌上每个人都向小漫敬酒。小漫被尊称为漫哥。今天漫哥最牛。大家畅快地喝着,谈论着。这样的故障,不是每个机务都能遇见,不是每个人都有机会面对这样的抉择。你的一个正确的判断能挽救多少人?

---

① 磅,1 lb=0.454 kg。

酒喝得有些多，每个人都觉得自己是个英雄，觉得机务是个英雄。这群年轻人开心地笑着，当今的社会还有这样一群男人在为了排除一个隐患而干杯，他们因为明白了自己存在的价值而举杯，饭店里的人投来异样的眼神，没人能理解这群穿着黄色工作服的男人内心的喜悦。只有熟悉民航机务工作的人才能体会到这份工作的不易，才会理解这样的一群年轻人的伟大，只有他们及其身边的人才会为这样的工作感到无比的自豪！他们用平凡的事迹迎接自己的节日——"五四"青年节。在平凡的岗位上谱写着一曲曲不平凡的乐章，他们用自己的实际行动为大南航，为海南国际旅游岛的建设，为祖国的民航事业默默地贡献着自己的青春和热血！或许这只是一丝丝绵薄之力，但他们是伟大的劳动者，是最可爱的人！

项目四　无人机导航与系统维修

 项目导入

无人机的导航系统是无人机的"眼睛",多技术结合是未来发展的方向。导航系统负责向无人机提供参考坐标系的位置、速度、飞行姿态等矢量信息,引导无人机按照指定航线飞行,相当于有人机系统中的领航员。

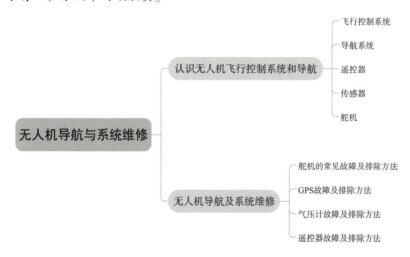

任务 4.1　认识无人机飞行控制系统和导航

任务导入

无人机是无人驾驶飞机的简称，是利用无线电遥控设备和自备的程序控制装置操控的不载人飞机，包括无人直升机、固定翼机、多旋翼无人机、无人飞艇、无人伞翼机。广义上也包括临近空间飞行器（20~100 km 空域），如平流层飞艇、高空气球、太阳能无人机等。从某种角度来看，无人机可以在无人驾驶的条件下完成复杂空中飞行任务和各种负载任务，可以看作是"空中机器人"。

飞控子系统是无人机完成起飞、空中飞行、执行任务和返场回收等整个飞行过程的核心系统。飞控系统对于无人机相当于驾驶员对于有人机的作用，认为是无人机最核心的技术之一。飞控系统一般包括传感器、机载计算机和伺服作动设备三大部分，实现的功能主要有无人机姿态稳定和控制、无人机任务设备管理和应急控制三大类。

任务要求

1. 熟悉无人机飞行控制系统。
2. 懂得操作无人机遥控器。
3. 熟悉各种无人机飞控板。
4. 熟悉无人机遥控器的操作方式和注意事项。
5. 分析及检查无人机全结构进而进行装调。

任务目标

1. 熟悉无人机的飞控系统、导航系统、传感器以及舵机。
2. 掌握无人机遥控器的结构及使用方法。
3. 了解飞控系统安装的注意事项和安全措施。
4. 养成认识问题、分析问题和解决问题的能力。
5. 养成爱岗敬业的职业精神。

任务学习

一、知识链接

1. 飞行控制系统

简称飞控系统，可以看作无人机的大脑。无人机的飞行、悬停、姿态变化等，都是由多种传感器将无人机本身的姿态数据传回飞控系统，再由飞控系统通过运算和判断下达指令，由执行机构完成动作和飞行姿态调整。飞控系统可以理解成无人机的 CPU 系统，是无人机的核心部件，其功能主要是发送各种指令，并且处理各部件传回的数据。类似于人体的大脑，对机身各个部位发送指令，并且接收各部件传回的信息，运算后发出新的指令。

2. 飞控、系统的工作原理

（1）IMU 惯性测量单元：感知无人机在三个轴上的运动状态。
（2）GPS：为飞控系统提供位置数据。
（3）磁罗盘：用于感知无人机的指向。
（4）气压高度计：用于检测无人机所在位置的气压高度。

3. GPS

GPS 指的是全球定位系统，它可以为地球表面绝大部分地区（98%）提供准确的定位、测速和高精度的标准时间，可满足位于全球地面任何一处或近地空间的军事用户连续且精确地确定三维位置、三维运动和时间的需求。

4. 传感器

（1）陀螺仪是基于角动量守恒的理论，用高速回转体的动量矩敏感壳体相对惯性空间绕正交于自转轴的一个或两个轴的角速度检测装置，如图 4-1 所示。
（2）加速度传感器是一种能够测量加速度的传感器，在加速过程中，通过对质量块所受惯性力的测量，利用牛顿第二定律获得加速度值，如图 4-2 所示。

图 4-1　陀螺仪

图 4-2　加速度传感器

（3）电子罗盘也叫地磁、磁感器，可用于测试磁场强度和方向，定位设备的方位，其原理跟指南针的原理类似，可以测量出当前设备与东南西北四个方向上的夹角。电子罗盘在无人机上的应用如图 4-3 所示。
（4）气压计是通过敏感元件将大气压转换为可被电路处理的电量值。气压传感器还可以对海拔高度进行测量。
（5）RTK 载波相位差分技术，是实时处理两个测量站载波相位观测量的差分方法，将基准站采集的载波相位发给用户接收机,进行求差解算坐标,如图4-4所示。

图4-3 电子罗盘在无人机上的应用

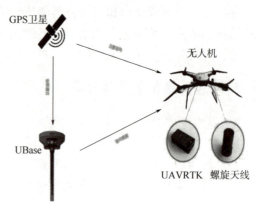

图4-4 RTK示意图

(6)超声波传感器是将超声波信号转换成其他能量信号(通常是电信号)的传感器。它具有频率高、波长短、绕射现象小,特别是方向性好、能够成为射线而定向传播等特点。

(7)光流传感器属于视觉传感器的一种,光流的视觉现象我们每天都在经历。光流传感器可以通过在一定的时间内拍摄两张不同的照片,进而计算出物体运动的速度。光流是一种简单实用的图像运动表达方式,通常定义为一个图像序列中的图像亮度模式的表观运动。

二、技能链接

1. 无人机遥控器

1)通道

第一通道指副翼,用来控制固定翼的两片副翼,以改变无人机的姿态,用来改变机身滚转方向的姿态变化。

第二通道指升降舵,用来控制固定翼的水平尾翼,使机身抬头和低头,从而上升下降,升降通道是用来控制机身前进与后退的。美国手是右边摇杆向上推,机身向前飞行;向下拉,机身后退。日本手相反。

第三通道指油门通道,用来控制发动机或电动机的转速。美国手是左边摇杆的上下控制油门大小,摇杆向上推,电动机转速增加,固定翼无人机飞行速度增加,多旋翼则是向上拉升。日本手遥控器是右边摇杆用来控制油门输出。

第四通道指方向舵,固定翼无人机的方向舵是用来控制垂直尾翼的,从而改变机头朝向。美国手是左边摇杆左右摆动控制机头朝向,这一点与日本手一样。

2)操控形式

操控形式分为美国手和日本手,如图4-5、图4-6所示。

图 4-5　美国手遥控器

图 4-6　日本手遥控器

以美国手遥控器为例：油门和方向舵在左，副翼和升降舵在右。左杆向上是加大油门，飞行速度加快；反之减小，速度减慢。左杆向左，方向舵左偏，无人机向左偏转；反之向右，无人机向右偏转。右杆向下，升降舵上偏，无人机向上爬升；反之向下，升降舵下偏，无人机向下俯冲。右杆向左，右边副翼下偏，左边副翼上偏。

认识普遍使用的无人机结构器件和遥控器，如图 4-7~图 4-10 所示。

图 4-7　无人机飞控系统

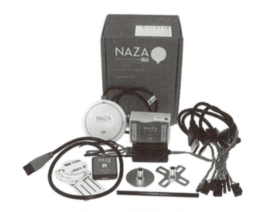
图 4-8　大疆哪吒 GPS

图 4-9　天地飞遥控器

图 4-10　大疆遥控器

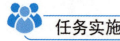

任务实施

（1）课前准备

学生完成老师发布的课前预习工作，通过查阅资料了解飞控系统和无人机遥控器。

（2）任务引导

① 飞控系统的工作原理是什么呢？请简单说说。

② 说说 GPS 由哪三部分组成。

③ 无人机传感器都有哪些呢？将你知道的填入表 4-1，并说出它的特点。

表 4-1　无人机传感器的特点

传感器	特点

④ 遥控器是由什么构成的呢？它是怎么控制舵机的呢？

（3）选择以下四种不同的遥控器进行模拟连接，测试数据的不同，并填表 4-2。

表 4-2　遥控器模拟连接

序号	遥控器类型	规格型号	数量	测试数据
1	凤凰	G7 DCL DRL	1	
2	富斯	SM600	1	
3	大疆	Mini 4 Pro	1	
4	WLYX	TX16S MARK Ⅱ	1	

（4）以讲解形式引入无人机飞控系统的组装与调试，分析产生的问题和解决措施。

出现问题：_____　　解决措施：_____

（5）发布头脑风暴任务，以小组形式即时搜索当今我国主要使用的几大导航，并分析各自的特点。

导航名称：_____　　优、缺点：_____

（6）播放无人机各系统组装视频，谈谈学生对无人机飞行控制系统的看法和理解，分析无人机飞行控制系统和子系统的不同之处。

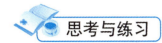

思考与练习

一、判断题

1. 导航控制属于无人机飞控系统功能。　　　　　　　　　　　　　　（　　）
2. 伯努利导航系统不属于无人机可采用的自主式导航系统。　　　　　（　　）
3. 无人机传感器主要分为对自身状态感知和对外部环境感知两类。　　（　　）
4. 舵机是无人机的执行机构。　　　　　　　　　　　　　　　　　　（　　）

二、填空题

1. 无人机姿态稳定与控制属于无人机_____功能。
2. 大型军用无人机最常用的导航方式是_____。
3. 小型无人机导航系统中姿态测量最常用的传感器是_____。
4. 民用无人机上的舵机一般输出行程为_____。

三、简答题

一般遥控器分为美国手和日本手，那美国手遥控器的1、2、3、4通道分别是什么呢？

任务评价

任务评价如表4-3所示。

表4-3　任务评价

姓名		学号			
评价方面	评价内容	评价方式			
		分值	自评	互评	师评	合计
职业素养（30分）	课前准备	6				
	责任意识	6				
	任务实施流程	6				
	组内分工	6				
	安全事项	6				
专业能力（60分）	无人机飞控系统的组装	12				
	无人机的安装调试	12				
	对导航系统的认识	12				
	正确的操作步骤	12				
	发现错误并改正的能力	12				
创新意识（10分）	创新性思维和行动	5				
	创造兴趣	5				
合计		100				
综合得分						

任务4.2　无人机导航及系统维修

任务导入

无人机的定位工作主要由导航系统完成,导航系统实时闭环输出位置和姿态信息,为无人机提供精确的方向基准和位置坐标,同时根据实时姿态信息对无人机飞行状态进行预测,引导无人机按照指定航线飞行。

目前在无人机上采用的导航技术主要包括惯性导航、卫星导航、多普勒导航、地形辅助导航和地磁导航,这些导航技术有各自的优缺点,统称为单一导航技术。通常,在无人机导航中,要根据无人机担负的不同任务来选择合适的导航定位技术。

任务要求

1. 熟悉北斗卫星导航系统。
2. 熟悉各种舵机性能参数。
3. 分析判断舵机可能出现的问题。
4. 掌握无人机导航的工作原理。

任务目标

1. 熟悉导航定位系统。
2. 掌握相关导航系统的维修。
3. 加强对惯性导航、卫星导航、多普勒导航、地形辅助导航等技术设备的使用方法。
4. 养成青年技能工匠的精神,为产品维修的质量保驾护航。
5. 养成沟通协作的团队能力。

任务学习

一、知识链接

1. 舵机的故障及排除方法

(1) 炸机后舵机电动机狂转、舵盘摇臂不受控制、摇臂打滑:可以断定齿轮扫齿了,需更换齿轮。

（2）维修好舵机（图4-11）后通电，发现舵机向一个方向转动后就卡住不动了，舵机吱吱地响：说明舵机电动机的正负极或电位器的端线接错了，把电动机的两个端线换个方向就可以了。

（3）故障舵机不停地抖舵，排除无线电干扰，摇臂仍旧抖动的话：电位器老化，更换或直接报废掉。

图4-11 舵机

2. 舵机连杆故障维修方法

舵机传动机构和连杆冲击变形，传动机构和连杆老化、松动、脱落：更换老化的传动机构和连杆（图4-12）并校准，然后拧紧松动、脱落的螺钉。

图4-12 舵机连杆

3. GPS 故障及排除方法

（1）GPS 定点时不受控制，自己飞走：切换到姿态定高模式大部分时候还是可以控制的，自己手动将无人机飞回来。

（2）GPS 天线被屏蔽或者被附近的电磁场干扰：把屏蔽物移除，远离干扰源，放置到空旷的区域。

大疆 GPS 天线如图 4-13 所示。

4. 遥控器故障及排除方法

（1）遥控器电池电量不足：电池充电，必要时更换新电池。
（2）无人直升机接收系统失效：更换接收机。
（3）植保无人机控制电路失效：检修控制电路。
（4）机载发电机失效：更换机载发电机。
（5）无人直升机开关电源失效：更换电源开关。

大疆无人机和遥控器如图 4-14 所示。

图 4-13　大疆 GPS 天线

图 4-14　大疆无人机和遥控器

二、技能链接

北斗卫星导航系统（BeiDou Navigation Satellite System，BDS）是中国自行研制的全球卫星导航系统，也是继美国全球定位系统（GPS）、俄罗斯格洛纳斯卫星导航系统（GLONASS）之后第三个成熟的卫星导航系统。北斗卫星导航系统（BDS）、美国 GPS、俄罗斯 GLONASS 和欧盟 Galileo，是联合国卫星导航委员会已认定的供应商。

北斗卫星导航系统由空间段、地面段和用户段三部分组成，可在全球范围内全天候、全天时为各类用户提供高精度、高可靠定位、导航、授时服务，并具短报文通信能力，已经初步具备区域导航、定位和授时能力，定位精度 10 m，测速精度 0.2 m/s，授时精度 10 ns。

2018 年 12 月 26 日，北斗三号基本系统开始提供全球服务。2019 年 9 月，北斗系统正式向全球提供服务，在轨 39 颗卫星中包括 21 颗北斗三号卫星：有 18 颗运行于中圆轨道、1 颗运行于地球静止轨道、2 颗运行于倾斜地球同步轨道。2019 年 9 月 23 日 5 时 10 分，在西昌卫星发射中心用长征三号乙运载火箭,成功发射第 47、48 颗北斗导航卫星。2019 年 11 月 5 日凌晨 1 点 43 分,成功发射第 49 颗北斗导航卫星,北斗三号系统最后一颗倾斜地球同步轨道(IGSO)卫星全部发射完毕。2019 年 12 月 16 日 15 时 22 分,在西昌卫星发射中心以"一箭双星"方式成功发射第 52、53 颗北斗导航卫星。至此,所有中圆地球轨道卫星全部发射完毕。

2020 年 3 月 9 日 19 时 55 分,中国在西昌卫星发射中心用长征三号乙运载火箭,成功发射北斗系统第 54 颗导航卫星。

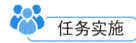

(1)课前准备。
两人一组提前查阅,做好笔记。
(2)任务引导。
了解气压计的常见故障及维修方法,并填表 4-4。

表 4-4 气压计的常见故障及维修方法

气压计常见故障	维修方法
遥控器没有校准	
气压计显示不准确	
罗盘没有校准	
加速度计没有校准	

思考与练习

一、判断题

1. 收不到 GPS 信号是因为 GPS 天线有损坏。( )
2. 舵机通电后,发现舵机向一个方向转动后卡住不动了,是因为正负极的端线接错了。( )
3. 如果在飞行过程中,无人机会掉高或者降落导致无人机损坏,应该将外壳盖住,在外壳的内部贴上黑色的胶布。( )

二、简答题

1. 请对一故障舵机进行维修,并记录维修过程。
2. GPS 常见的故障有哪些?如何进行维修?
3. 舵机打舵后无任何反应,应该如何排除?

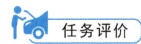

任务评价如表 4-5 所示。

表 4-5 任务评价

姓名			学号			
评价方面	评价内容	评价方式				
		分值	自评	互评	师评	合计
职业素养（30分）	课前准备	6				
	责任意识	6				
	任务实施流程	6				
	组内分工	6				
	安全事项	6				
专业能力（60分）	对导航系统的了解	12				
	无人机导航系统的工作原理	12				
	舵机的连接方式	12				
	正确的操作步骤	12				
	发现错误并改正的能力	12				
创新意识（10分）	创新性思维和行动	5				
	创造兴趣	5				
	合计	100				
	综合得分					

拓展阅读

袁刚，中共党员，2019 年度厦门市劳动模范，厦门航空有限公司飞机维修工程部发动机系统工程师、航线三处副经理。

在厦航工作 23 年，扎根维修一线，始终遵循飞机维修"三老四严"的工作传统，在维修工作中埋头苦干、任劳任怨；在班组建设上勇于创新、大胆实践。践行"工匠精神"，用自己的行动在平凡的工作岗位上谱写了一篇工匠乐章。

1. 攻坚克难、排除故障隐患

飞机工程师应该是什么样子？袁刚的外貌很典型：留着平头、一身工装、语气内敛、字句条理清晰。同样，飞机工程师这个岗位的辛劳，也能看得到：45 岁的他，两鬓已经花白。

厦航飞机维修工程部，是一个 24 h 运转的部门，实行两班倒，早上 5 点和下午 5 点换班。"飞机运行前和降落后,都要进行维护,每隔一段时间还要进行大规模检修。厦航一共有200多架飞机,工作量很大。"他说。

袁刚在北京航空航天大学主修发动机,进入厦航后,担任发动机系统工程师。发动机是飞机的心脏,成本占一架飞机的1/3,维修成本也很高,一次大修要近500万美元。"如果能尽早发现故障予以排除,就是保安全、增效益。"他说。

攻坚克难的故事很多。2010年4月厦航连续两次出现发动机空中停车,两起均由HMU(发动机液压机械组件)内部故障所致,与航空公司的使用和维护无关,且在事发前无法监控和预测。此前已有航空公司出现过类似故障,厂家对于这一问题一时没有解决方案,这引起了全球航空公司的高度重视。

厦航发动机团队历时3个月,日夜围着发动机转、调取数据,最终,首创HMU状态的实时监控方法,并无偿帮助制造厂家改进工艺,彻底消除该故障导致的空中停车隐患,得到了全球航空界认可及民航总局嘉奖,袁刚也是团队中的一员。

袁刚的履历显示,从业23年来,他发现了多起飞机安全隐患,但没有一次工作差错。辛勤努力总有回报:他曾获得过厦门航空有限公司航空安全一等奖1次、航空安全三等奖2次、部门安全奖励多次。

2. 驻外六年、带出专业队伍

整天围着发动机转,会不会枯燥?袁刚说,其实还好,一台发动机成千上万个零件,每个都看一遍,时间过得特别快。

袁刚嘴里的"快",是一种专注,但这份专注有着巨大的心血付出。2011年,袁刚外派前往厦航江西南昌基地工作,独自一人的状态,让他全身心投入到工作中,"除了睡觉,其他时间都在机场,每天工作都是十二三个小时,但是每天时间都过得飞快。"他回忆,"一年到头很少回厦,家人去南昌看我的次数还更多一点。"

这种专注带来的是业务上的精益求精——一次,袁刚发现发动机叶片之间的一个填块凸起。"常人看不出,但我们天天看,就觉得不太对,最终发现填块固定环有裂纹,排除了重大安全隐患。"他说。在南昌,袁刚一待就是6年,带出了一支二十余人的成熟机务团队,是厦航第一个具备"一证多地"维修能力的外站基地,并为厦航成立江西航空打下坚实基础。当然,袁刚最后决定回厦门,是因为家人——"我去南昌的时候,孩子1岁半,回来的时候都上小学了,家人还是有抱怨的。"他笑笑说。

袁刚的辛勤付出,也支撑起了他的小家。采访中,记者看到他的手机壳里塞着一张一百元钞票——原来,这是前几天他给孩子买礼物的,结果,孩子没找到自己喜欢的东西,就把一百元还给了他。"我也不明白为什么他要把钱还给我,也许他也知道爸爸很辛苦吧。"他说。

项目五　无人机动力系统维修

 项目导入

如果说飞控系统是无人机的大脑，那么动力系统则被誉为无人机的心脏。无人机系统中的动力装置是无人机的关键设备之一，它直接影响无人机的性能、成本和可靠性，具有较好的发展趋势。

任务 5.1　燃油类发动机维修

任务导入

活塞发动机也叫往复式发动机，是一种利用一个或者多个活塞将压力转换成旋转动能的发动机。活塞发动机是热机的一种，靠汽油、柴油等燃料提供动力。

最常用的往复式发动机是利用汽油或者柴油燃料产生压力的。通常都不止一个活塞，每个活塞都在气缸内，燃料-空气混合物被注入其内，然后被点燃，热气膨胀，推动活塞向后运动。活塞的这种直线运动通过连杆和曲轴转换成圆周运动。这种发动机经常被统称为内燃机，尽管内燃机并不必须包括活塞。

任务要求

1. 掌握各种燃油发动机维修。
2. 分析各种维修方式对燃油发动机的利弊。
3. 懂得正确选择预防性修理工作方式。
4. 分析各种燃油发动机的优缺点。
5. 总结维修方式中易出现的细小问题。
6. 养成对维修后发动机部件的重复性检查的严谨作风。

任务目标

1. 了解燃油发动机的种类及其原理和构造。
2. 掌握燃油发动机的常见故障，学会如何解决故障。
3. 分析活塞发动机维修中的常见问题。
4. 养成沟通协作的团队能力。
5. 通过互相讨论，发现自身存在的不足。

任务学习

一、知识链接

1. 航空燃油

航空燃油是指一些专门为飞行器而设的燃油品种，质量比暖气系统和汽车所使用的燃油高，通常都含有不同的添加物以降低结冰和因高温而爆炸的风险。航空燃油分为两大类：航空汽油，用于往复式发动机的飞机上；航空煤油，在航空燃气涡轮发动机和冲压发动机上使用。图 5-1 所示为泵车给飞机加注航空燃油。

2. 航空发动机

航空发动机是一种高度复杂和精密的热力机械，作为飞机的心脏，不仅是飞机飞行的动力，也是促进航空事业发展的重要推动力，人

图 5-1　泵车给飞机加注航空燃油

类航空史上的每一次重要变革都与航空发动机的技术进步密不可分。

经过百余年的发展，航空发动机已经发展成为可靠性极高的成熟产品。正在使用的航空发动机包括涡轮喷气/涡轮风扇发动机、涡轮轴/涡轮螺旋桨发动机、冲压式发动机和活塞式发动机等多种类型，不仅作为各种用途的军民用飞机、无人机和巡航导弹动力，而且利用航空发动机衍生发展的燃气轮机还被广泛用于地面发电、船用动力、移动电站、天然气和石油管线泵站等领域。

进入 21 世纪，航空发动机正在进一步加速发展，将为人类航空领域带来新的重大变革。传统的航空发动机正在向齿轮传动发动机、变循环发动机、多电发动机、间冷回热发动机和开式转子发动机发展，非传统的脉冲爆燃发动机、超燃冲压发动机、涡轮基组合发动机，以及太阳能动力和燃料电池动力等也在不断成熟，这些发动机的发展将使未来的航空器更快、更高、更远、更经济、更可靠，并能够满足更加严格的环保要求，将使高超声速航空器、跨大气层飞行器和可重复使用的天地往返运输成为现实。

3. 活塞式发动机

活塞式发动机主要由气缸、活塞、连杆、曲轴、气门机构、螺旋桨减速器、机匣等组成，如图 5-2 所示。

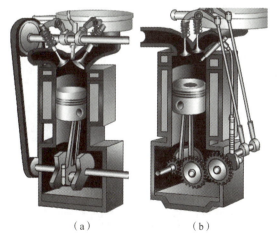

图 5-2　活塞式发动机
(a) 汽油机；(b) 柴油机

气缸是混合气（汽油和空气）进行燃烧的地方。气缸内容纳活塞做往复运动。气缸头上装有点燃混合气的电火花塞（俗称电嘴），以及进、排气门。发动机工作时气缸温度很高，所以气缸外壁上有许多散热片，用以扩大散热面积。气缸在发动机壳体（机匣）上的排列形式多为星形或V形。常见的星形发动机有5个、7个、9个、14个、18个或24个气缸不等。在单缸容积相同的情况下，气缸数目越多发动机功率越大。活塞承受燃气压力在气缸内做往复运动，并通过连杆将这种运动转变成曲轴的旋转运动。连杆用来连接活塞和曲轴。曲轴是发动机输出功率的部件。曲轴转动时，通过减速器带动螺旋桨转动而产生拉力。除此之外，曲轴还要带动一些附件（如各种油泵、发电机等）。气门机构用来控制进气门、排气门定时打开和关闭。

机体是构成发动机的骨架，是发动机各机构和各系统的安装基础，其内、外安装着发动机的所有主要零件和附件，承受各种载荷。因此，机体必须要有足够的强度和刚度。机体组主要由气缸体、气缸套、气缸盖和气缸垫等零件组成。

4. 活塞式航空发动机的分类

1）按混合气形成的方式划分

根据形成混合气的方式的不同，活塞式航空发动机可分为汽化器式发动机和直接喷射式发动机。

汽化器式发动机中装有汽化器，燃油与空气在汽化器内混合好，再进入发动机气缸中燃烧。直接喷射式发动机中装有燃油直接喷射装置，发动机工作时燃油由直接喷射装置直接喷入各气缸或气缸头部进气门腔室，与适量的空气在气缸内形成混合气。

2）按发动机的冷却方式划分

根据发动机的冷却方式不同，活塞式航空发动机分为气冷式发动机和液冷式发动机。图5-3和图5-4所示为两种冷却方式发动机。

图5-3 气冷式发动机

图5-4 液冷式发动机

气冷式发动机直接利用飞行中的迎面气流来冷却气缸和相关部件。液冷式发动机利用循环的液体来冷却气缸和相关部件，然后冷却液再将所吸收的热量散入大气中去。

3）按空气进入气缸前是否增压划分

根据空气在进入气缸前是否增压，活塞式航空发动机分为吸气式发动机和增压式发动机。吸气式发动机工作时，外界的空气被直接吸入发动机气缸。吸气式发动机一般用于飞行高度较低的飞机上。增压式发动机上装有增压器，外界的空气进入气缸之前，先经过增压器提高压力后，再进入发动机气缸。增压式发动机一般用于飞行高度较高的飞机上。

4）按气缸排列的方式划分

根据气缸排列的方式不同可以分为星形发动机和直列型发动机。直列型发动机的气缸呈"列队"式前后排列，它又可分为单排直列型、水平对置型和H形或V形等形式。目前使用中最常见的为水平对置型，如图5-5所示。气缸在机匣的左右两侧各排成一行，彼此相对，这种发动机有四缸、六缸和八缸等。

星形发动机的气缸排列呈辐射状，又可分为单排星形和双排星形两种。目前由于航空喷气发动机的发展，双排星形活塞式发动机在航空上的应用已减少，主要是单排星形活塞式发动机，如图5-6所示。

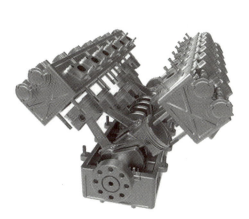

图5-5 水平对置发动机

图5-6 单排星形活塞式发动机

5）按驱动螺旋桨的方式划分

根据发动机曲轴和螺旋桨之间是否带有减速器，活塞式航空发动机可以分为直接驱动式和非直接驱动式。直接驱动式发动机其螺旋桨由发动机曲轴直接驱动，非直接驱动式发动机其螺旋桨由发动机曲轴通过减速器驱动。

以上每一项对发动机的划分，都是只说明发动机的某一个侧面，对具体的发动机，应综合各种区别加以说明。例如现在国内通航仍广泛使用的国产活塞五型（670型）航空活塞式发动机，是九缸、单排星形、气冷式、汽化器式、非直接驱动式发动机并带有增压器；美国莱康明公司生产的IO-360活塞式航空发动机是四缸、水平对置型、气冷式、直接喷射式、吸气式、直接驱动式发动机。

5. 活塞式航空发动机工作系统

活塞式航空发动机不但要具备上面所述的主要机件，而且还必须有许多附件相配合，才能够进行工作。发动机的附件分属于几个工作系统,每个工作系统担负发动机工作中一个方面的任务。活塞式航空发动机一般都具有燃油、点火、润滑、冷却和启动等工作系统。

1)燃油系统

燃油系统的功用是连续地向发动机供给适量的、清洁无污染的燃油,并将燃油很好地雾化和气化,便于与空气混合形成均匀的可燃混合气体。

2)点火系统

使用航空汽油的活塞式发动机的正常工作还必须依赖点火系统,点火系统的功用是在发动机工作过程中的适当时刻产生能量足够的电火花,点燃气缸内的混合气体。

而使用航空煤油的活塞式发动机,其气缸内混合气体的着火方式是压燃式,因此不需要点火系统。

3)润滑系统

润滑系统的功用是在发动机正常工作过程中,连续不断地将温度适当的清洁润滑油送到各机件的摩擦表面进行润滑,减少摩擦阻力,减轻机件磨损,带走磨损下来的金属碎屑,并将机件摩擦产生的热量带走,散发到大气环境中。在有些活塞发动机上还用来作螺旋桨变距机构的伺服介质。发动机不工作时,金属零件表面的润滑油油膜还起到防腐作用。

4)冷却系统

冷却系统的功用是在发动机正常工作过程中,将气缸的部分热量散发到大气环境中去,确保气缸温度正常。

5)启动系统

启动系统的功用是利用外部动力把曲轴转动起来,使发动机从静止状态转入正常的工作状态。

二、技能链接

涡轮增压器主要由涡轮机和压缩机两部分组成,之间通过一根传动轴连接。涡轮的进气口与发动机排气歧管相连,排气口与排气管相连;压缩机的进气口与进气管相连,排气口则接在进气歧管上。到底是怎样实现增压的呢?主要是通过发动机排出的废气冲击涡轮高速运转,从而带动同轴的压缩机高速转动,强制地将增压后的空气压送到气缸中。

涡轮增压主要是利用发动机废气的能量带动压缩机来实现对进气的增压,整个过程中基本不会消耗发动机的动力,拥有良好的加速持续性,但是在低速时涡轮不能及时介入,带有一定的滞后性。

针对自然进气(NA)引擎在高转速区域会出现进气效率低落的问题,从最基本的关键点着手,也就是想办法提升进气歧管内的空气压力,以克服气门干涉阻力,虽然进气歧管、气门、凸轮轴的尺寸不变,但由于进气压力增加的结果,让每次气门开启时间内能挤入燃烧室的空气增加了,因此喷油量也能相对增加,让引擎的工作能量比增压之前更为强大,这就是增压的基本原理。

拓展资料:涡轮增压的最大优点是它可在不增加发动机排量的基础上,大幅度提高发动机的功率。非增压发动机通过曲轴的运动直接从大气中吸进空气而涡轮增压发动机由涡轮增压器向发动机提供压缩空气。由于进入气缸的空气增多，所以允许喷入较多的燃油使发动机产生较多的功率并具有较高的燃烧效率。这意味着一台尺寸和质量相同的发动机经增压后可以产生较多的功率或者说一台小排量发动机经增压后可产生与较大发动机相同的功率。

简单认识活塞式发动机和燃气涡轮发动机，如图5-7、图5-8所示。

图5-7　活塞式发动机

图5-8　燃气涡轮发动机

三、案例

孙红梅：给飞机"心脏"做手术

有这样一群人，他们技艺精湛、执着坚守，他们不断创新、追求极致。航空发动机是飞机的心脏，给飞机发动机维修就是在心脏上做手术，孙红梅就是这个"主刀医师"。航空发动机维修是世界机械维修中难度最高的技术之一。2013年，一批某型军用飞机发动机机匣损坏，国内没有成功修复这种机匣的案例。如果无法修复，将意味着三十多架飞机变为废铁。孙红梅主动请缨维修这批机匣。机匣内部构造就像俄罗斯套娃，一层又一层，故障点多发生在腔内，查找困难。孙红梅在机匣外壳上切割出半个手掌大小的窗口，通过仿真建模和封闭检测搞清内部结构，查找故障点，而这个窗口不能开大，否则就会引发机匣变形，只能报废。

有些故障点在切口的视线盲区，微型焊枪也无法准确完成焊接。那两个月，孙红梅苦苦思索着解决方案，体重一下子减了十斤。通过镜子反射找寻死角焊点，实现精准仰焊，这一道工序后来被命名为"镜面反光仰焊法"。她成功解决了这款机匣死角故障的修复难题。

最后的关键，就是把打开的窗口复原。通过精确的工艺参数，她把修复的变形误差控制在0.003 mm。产品修理精度不断提升，再一次实现了技术的跨越。修复后的机匣，从性能到使用寿命，与原配件没有任何差别。

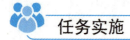 **任务实施**

（1）课前准备。

学生完成老师发布的课前预习工作。查阅资料了解燃油发动机。

（2）任务引导。

① 简单说说二冲程和四冲程发动机的原理和构造。它们都有哪些优缺点？

② 燃气涡轮发动机都有哪些类型？分别有什么特点？

③ 燃油发动机都有哪些常见故障？说说我们该怎么排除这些故障。

④ 汽油机该怎么保养？

（3）列出五种燃油发动机的维修方式，并填表 5-1。

表 5-1　燃油发动机的维修方式

序号	维修方式	维修所用到的工具	数量	备注
1				
2				
3				
4				
5				

（4）对出现不同问题燃油类发动机进行筛选，并解决相应问题。

出现问题：＿＿＿＿＿＿＿＿＿＿　　解决措施：＿＿＿＿＿＿＿＿＿＿

　　　　　＿＿＿＿＿＿＿＿＿＿　　　　　　　＿＿＿＿＿＿＿＿＿＿

（5）教学与实践相结合，培养学生自主动手解决问题能力。

出现问题：＿＿＿＿＿＿＿＿＿＿　　解决措施：＿＿＿＿＿＿＿＿＿＿

　　　　　＿＿＿＿＿＿＿＿＿＿　　　　　　　＿＿＿＿＿＿＿＿＿＿

（6）发布头脑风暴任务，以小组形式即时搜索燃油类发动机出现问题如何维修的案例。

出现问题：＿＿＿＿＿＿＿＿＿＿　　解决措施：＿＿＿＿＿＿＿＿＿＿

　　　　　＿＿＿＿＿＿＿＿＿＿　　　　　　　＿＿＿＿＿＿＿＿＿＿

（7）简单阐述你对燃油类发动机维修的意见和看法。

维修意见：＿＿＿＿＿＿＿＿＿＿　　维修看法：＿＿＿＿＿＿＿＿＿＿

　　　　　＿＿＿＿＿＿＿＿＿＿　　　　　　　＿＿＿＿＿＿＿＿＿＿

思考与练习

一、判断题

1. 发动机燃油量不足，导致油路无法建立正常的油压。　　　　　　　　（　　）

2. 发动机停止工作后，燃油管路中将没有油压。　　　　　　　　　　　（　　）

二、填空题

1. 活塞发动机混合气过剩，燃烧将引起_____的问题。
2. 双燃料发动机燃油压力不正常可能是_____有问题。
3. 燃油发动机出现不能启动故障，可能的故障点是_____、_____、_____。

三、简答题

请简述几项维修燃油发动机时的注意事项。

 任务评价

任务评价如表5-2所示。

表5-2 任务评价

姓名		学号				
评价方面	评价内容	评价方式				
		分值	自评	互评	师评	合计
职业素养 （30分）	课前准备	6				
	责任意识	6				
	任务实施流程	6				
	组内分工	6				
	安全事项	6				
专业能力 （60分）	燃油类发动机结构了解	12				
	燃油类发动机的维修方式	12				
	燃油类发动机的维修目的	12				
	发动机维修后的检查	12				
	与组员相互合作的能力	12				
创新意识 （10分）	创新性思维和行动	5				
	创造兴趣	5				
合计		100				
综合得分						

任务 5.2　多旋翼无人机动力系统及维修

任务导入

多旋翼无人机动力系统，一般包括螺旋桨、电机、电调，因为电池与动力息息相关，也附带在一起介绍。桨叶转动提供升力，电机转动带动桨叶转动，电调控制电机转动，电池给动力系统提供电能。

任务要求

1. 掌握多旋翼无人机动力系统的组成及各部分功用。
2. 熟悉多旋翼无人机动力系统结构。
3. 明确多旋翼无人机动力系统的维修目的与原理。
4. 能自主分析电机以及电调维修中的不足与问题。

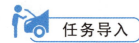

任务目标

1. 熟悉多旋翼无人机的动力系统。
2. 养成动手装调电机能力。
3. 养成沟通协作的团队能力。
4. 养成厚植航空报国的爱国情怀。
5. 养成对动力系统部件的多次检查的严谨作风。

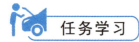

任务学习

一、知识链接

1. 多旋翼无人机基础知识

1）多旋翼无人机的定义

三个或者三个以上旋翼的直升机，称为多旋翼无人机，也可称多轴无人机，如图 5-9 所示。其中，旋翼是指提供动力的螺旋桨，轴是指提供动力的旋翼的旋转轴。

2）多旋翼无人机的命名

一般按轴数和桨数分为几轴几旋翼无人机。比如图 5-9 就是六轴六旋翼无人机。按照

图 5-9　多旋翼无人机

电机的排布可分为单轴单桨和共轴双桨（见图 5-10 共轴双桨八旋翼无人机），按照机头方向与电机安装的位置关系一般分为 I 型和 V 型，如图 5-11 所示。

图 5-10　共轴双桨八旋翼无人机

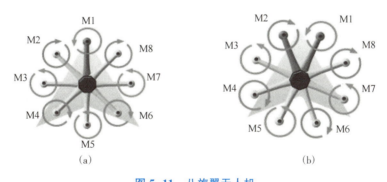

图 5-11　八旋翼无人机
（a）I 型八旋翼；（b）V 型八旋翼

图 5-9 所示无人机的全称应为 V 型单轴单桨六旋翼无人机。由于 V 型和单轴单桨比较常见，我们日常称呼中会把它们的名字省略，所以图 5-9 也可简称为六旋翼无人机。图 5-10 全称为 V 型共轴双桨八旋翼无人机，也可简称为共轴八旋翼无人机。

3）**不同构型多旋翼无人机的特点**

四轴无人机是所有多轴无人机中效率最高的方案，也是我们日常见到最多的布局方案，比如大疆精灵、零度的 DOBBY 等。六轴及以上布局的多旋翼一般具有断桨保护功能，安全性更高。单轴单桨的布局一般认为效率比共轴双桨高（具体情况具体分析）。共轴双桨的布局在同等级别中会比单轴单桨布局机体尺寸小。共轴双桨的无人机一般比单轴单桨的无人机抗风性要强。

2. 电机

电机是无人机的动力来源，它能够使无人机的螺旋桨转动从而产生动力，无人机便是通过它产生的动力来改变无人机的飞行状态，使无人机能够盘旋空中，上升或下降，或向各个方向移动。电动机是将电能转化为机械能的一种转换器，由定子、转子、铁芯等组成。电动机中持续转动的部件叫作电动机的转子，而不动的、固定的部件叫作电动机的定子。

（1）电动机指标 KV 值表示电动机在空载（不安装螺旋桨）的情况下，电压每增加 1 V，电动机每分钟的转数增加多少。电动机 KV 值越小，说明电机的动力越大，但速度越慢；而 KV 值越大，说明电机的动力越小，但速度越快。你可以想象一下汽车的挡位，挡位越低（比如 1 挡），发动机的动力越大，但速度越慢；挡位越高（比如 5 挡），发动机的动力越小，但速度越快。

（2）电动机分为有刷电动机和无刷电动机。无刷电动机采用半导体开关器件来实现电子换向，具有可靠性高、无换向火花、机械噪声低等优点。有刷电机内含电刷装置，是将电能转换成机械能（电动机）或将机械能转换成电能（发电机）的旋转电机。

（3）空心杯电动机属于直流、永磁、伺服微特电机，如图 5-12 所示。空心杯电动机具有突出的节能特性、灵敏方便的控制特性和稳定的运行特性，作为高效率的能量转换装置，代表了电动机的发展方向。空心杯电机在结构上突破了传统电机的转子结构形式，采用的是无铁芯转子。空心杯电机具有十分突出的节能、控制和拖动特性。

（4）电调全称电子调速器，如图 5-13 所示。针对电机不同，可分为有刷电调和无刷电调。它根据控制信号调节电动机的转速。电调在多旋翼无人机中起到了电压变化器的作用。

3. 动力电池

动力电池用于给电机供电，以带动其他设备运行，如图 5-14 所示。动力电池主要有镍镉、镍氢、锂电池等，现在常用的是锂电池。最小的是 1S 电池，常用的是 3S、4S、6S，1S 代表 3.7 V 电压。

图 5-12　空心杯电机

图 5-13　无人机电调

图 5-14　无人机电池

4. 螺旋桨

螺旋桨是指靠桨叶在空气中旋转，将电机转动功率转化为推进力的装置，可有两个或较多的叶与毂相连，桨叶向后一面为螺旋面或近似于螺旋面的一种推进器。螺旋桨在不同转速下的推进力直接决定了飞机的机动性能，所以这个部件直接决定飞机的属性。螺旋桨越大，升力就越大，但对应需要更大力量来驱动；转速越高，升力越大；电机 KV 值越小，转动力量就越大。

二、技能链接

1. 无人机电池的维护方法

1）不过放

电池的放电曲线表明，刚开始放电时，电压下降比较快，但放电到 3.7~3.9 V，电压下降变慢。但一旦降至 3.7 V 以后，电压下降速度就会加快，控制不好就导致过放，轻则损伤电池，重则电压太低造成炸机。解决方法是尽量少飞一分钟，电池的使用寿命就多飞一个循环。

2）不过充

对于充电器来说，有些充电器在充满以后的断电功能不完善，导致单片电池充满到 4.2 V 还没有停止充电，另外，有些充电器使用一段时间以后，因为元器件老化，也容易出现充满不停止的问题。当发现充电时间过长时，要人工检查充电器是否出现故障，如果出现故障要尽快拔掉电池。

3）不满电保存

对于充满电的电池，不能满电保存超过 3 天，如果超过一个星期不放掉，会导致电池鼓包。解决方法是在接到飞行任务后再充电，电池使用后如在 3 天内没有飞行任务，请将单片电压充至 3.8~3.9 V 保存。如果充好电后因各种原因没有飞，也要在充满后 3 天内把电池放电到 3.8~3.9 V 保存。如果 3 个月内没有使用电池，将电池充放电一次后继续保存，这样可延长电池寿命。电池应放置在阴凉的环境下保存，长期存放电池时，最好能放在密封袋中或密封的防爆箱内。

4）不损坏外皮

电池的外皮是防止电池爆炸和漏液起火的重要结构，锂聚电池的铝塑外皮破损将会直接导致电池起火或爆炸。电池要轻拿轻放，在无人机上固定电池时，扎带要束紧。因为在做大动态飞行或摔机时，电池可能会因为扎带不紧而甩出，这样也很容易造成电池外皮破损。

2. 无人机电调常见故障及排除方法

电调烧坏时，大多是电调质量不合格，还可能是使用超压不匹配的电池。对此我们可以合理选配电调，更换旧电调，选用相匹配的电池。当电调损坏时，可能是电调外部破损和虚焊，需要重新焊严实，避免外部干扰。

3. 无人机电机常见故障及排除方法

无人机中广泛应用各种直流电机，电机不工作有以下几种因素：

（1）弹性轴折断。在直流电机的工作过程中，由于转子必须要绕轴进行转动，如果维修与保养工作没有做好或者在飞机飞行过程中由于振动或颠簸造成弹性轴折断或受损，则有可能导致电机停止工作。

（2）励磁电路电阻过大。在直流电机的使用过程中，由于振动或者长期运动中出现移位造成电刷与换向器接触不良或断路，从而使电机的整体电势较低，较低的电势无法形成有效的工作电压，也就无法为电机提供充足的电能，从而影响了直流电机的正常工作。

（3）电机烧坏。由于电机使用中正负极短接，极大电流对电机造成了伤害。

4. 电机的维护

1）电机电源线损坏

在电机正确接好外接电源，发现电机不能运转的时候，电源线的故障是第一个要检查的地方。首先要将电机取下断开电源，把电机的三根电源线短接，转动电机，如有阻尼现象则表明电机电源线完好，否则电机线已断开。

2）缺相现象

当接通电源，推动操纵杆时，电机出现一卡一卡转不动的情况。从电机本身来说是由于无刷电机或无刷控制器的三相电路中，有一相不能工作，表现为电机抖动不能工作或转动无力且噪声大。对于这个现象，首先要确定是电机一侧缺相还是电调一侧缺相，用一个好电机就可测试出来，确定电机缺相，然后用万用表测量通断即可。

3）电机绕组线圈维护

电机绕组烧毁是在运行过程中没有使用合适的桨叶，或者一些其他外界因素造成的。通常表现在电机不转，发热超过正常值，能闻到刺鼻的气味，对于这个现象，基本断定为电机绕组线圈故障，可以采用"重新给电机绕线"进行维护。

三、案例

大疆无人机电池维修

对于长时间不使用的电池，因存放条件不当，如存放电压、存放环境、温度、湿度等，造成电池无法使用（不能开机、不能充电）。这样的电池一般没用过几个循环，却不能用了，过了电池 6 个月的保修期不能享受售后服务，扔了实在可惜，同时也会污染环境，电池中含有镍等物质，处理不当会引起自燃、爆炸等风险，我们应该慎重地看待此事。这样的电池本质上并不是损坏，只是电芯因过度放电、导致休眠而已，一般来讲只需要重新激活即可。先来说说锂电池的原理，理解为什么会有这种问题发生。

锂离子电池的两极，具有类似"海绵"一样的物理结构，海绵能把水吸进去，也能把水挤出来。锂离子电池的两极，也是这样的，充电时，在电压的作用下，锂离子从一极"挤"出来，通过中间的电解质，到达另一极存储起来，此过程叫作嵌入。而放电时，过程相反，锂离子从这一极到达另一极，此过程叫作脱嵌。而锂离子非常活跃，为了保持电解液稳定，需要加入一些惰性物质。惰性物质也不能百分之百地保持锂离子不乱跑乱闹，久而久之，就脱嵌了。

下面来说说如何解决这样的问题：

以悟1的电池为例，精灵同理。情况1：按电源键，绿灯1闪烁几次后熄灭。这种电池的单片电芯电压在1.2~2.0 V，因为6片电芯都是可识别的，只需简单刺激电芯，恢复至3.0 V，即可使用大疆的充电器充电。情况2：按电源键，没有任何灯亮。这种电池的电芯电压基本都是0 V，偶尔有那么几片有电压也不足1.0 V，比较难处理。

针对以上两种电池进行维修：

需要的工具：稳压电源（30 V、5 A），平衡充电器（本案例用的A6），拆卸工具（塑料翘板等）。

1. 拆卸

悟1的电池是四面卡扣的，先插入翘板到左右两侧，再撬开前面（接口方向），就打开了。拆下电路板上的四颗螺钉。拔下9芯平衡头（1红1黄7黑的便是）的7根黑线，靠近红黄线的1根为负极，靠边的6根为正极。

2. 唤醒电芯

唤醒电芯的方法比较多，在此以简易的和专用的来说。简易锂聚合物电池电芯唤醒特效仪-1型，暂定为此称呼。一般来讲，手机电池的电芯也是锂聚合物，所以可以使用这个方法。在没有稳压电源的情况下，用手机充电器，将MICRO-USB一头拆掉，从4根线中找出正负极，一般是两边的两根，中间的两根是数据传输用，接上两个探针（没有探针，用杜邦线也行）。用简易1型，负极接平衡头的负极，正极接第6片电芯平衡头的正极（这里为什么是第6片电芯，之后会说明），开始充电。如果有A6充电器之类的，可以接入方便观察每片电芯的电压。大概30 min后，会有某一片电芯升压至1 V。如果是第6片，那电芯唤醒结果很好。刚才也说到为什么是第6片，因为简易1型的输出电压是5 V。众所周知，电流的流动方向是高电压流动至低电压，悟1的电池是串联的，第6针平衡头的电压是6片电芯的总电压，如果前面的5片电压先到3 V激活，第6片仍然在1 V以下的话，就会很麻烦了，因为到了总电压5 V时，就充不进去电了，造成有几片电芯没有唤醒。所以唤醒顺序为第6片，5、4、3、2、1，逐片电芯唤醒。

如果顺利，6、5、4、3、2、1的电芯全部恢复至1 V以上了，锂电池专用的平衡充电器就可以检测到电芯，开始用3 A的大电流平衡充电，将全部电芯恢复至3 V以上。如果不顺利，就要使用稳压电源接入电池的正负极，按照电池当前的电压，增加2 V，逐渐提高电流刺激电芯，每次2 s，之后查看电池的电压情况。注意：不能让电芯的电压过高，否则还需要单独放电。

任务描述

（1）无刷直流电机由哪几部分组成？

（2）空心杯转子异步测速发电机结构及原理是什么？

(3) 电调损坏后是否可以用更大的电调代替或用更小的电调代替？
(4) 简述螺旋桨的故障及其排除方法。

 任务实施

(1) 课前准备。
学生自行组队，2人一组，上网查询相关资料，做好笔记。
(2) 任务引导。
了解多旋翼无人机动力系统的结构及功能，并填表5-3。

表 5-3　多旋翼无人机动力系统的结构及功能

多旋翼无人机动力系统	结构及功能
无刷直流电机	
有刷直流电机	
空心杯电机	
电调	
电池	
螺旋桨	

① 有刷电机和无刷电机有什么区别？各自有什么优缺点？
② 试分析为什么伺服电动机的空心杯转子是薄壁。
③ 怎样做好各部件的日常维护？
(3) 引导学生对多旋翼无人机动力系统出现问题进行分析与解决，培养学生兴趣与爱好。
出现问题：_____　解决措施：_____

(4) 通过对多旋翼无人机动力系统的讲解，让学生认识到无人机动力系统按时检修和维护的重要性。
出现问题：_____　解决措施：_____

(5) 发布头脑风暴任务，以小组形式即时搜索多旋翼无人机动力系统出现问题如何维修的案例。
出现问题：_____　解决措施：_____

(6) 简单阐述你对多旋翼无人机动力系统维修的意见和看法。
维修意见：_____　维修看法：_____

思考与练习

一、判断题

1. 有刷电机和无刷电机相比，有刷电机的效率更高。（ ）
2. 电调与电机直接进行连接，调节电机转速。（ ）
3. 电池是一种电能和化学能相互转化的装置。（ ）

二、填空题

1. BDC 电机的基本组件是_____、_____和_____。
2. 大螺旋桨用_____KV 值电机，小螺旋桨需要用_____KV 值电机。

三、简答题

1. 尝试对一故障电调进行维修操作，并记录维修过程。
2. 交流执行电动机（伺服电动机）的转子常制成空心杯式，其目的是什么？

任务评价

任务评价如表 5-4 所示。

表 5-4 任务评价

姓名		学号				
评价方面	评价内容	评价方式				
		分值	自评	互评	师评	合计
职业素养（30 分）	课前准备	6				
	责任意识	6				
	任务实施流程	6				
	组内分工	6				
	安全事项	6				
专业能力（60 分）	多旋翼无人机动力系统结构了解	15				
	多旋翼无人机动力系统维修的方式	15				
	多旋翼无人机动力系统维修的目的	15				
	与组员相互合作的能力	15				
创新意识（10 分）	创新性思维和行动	10				
合计		100				
综合得分						

无人机维修技术

拓展阅读

石翠平同志是南航贵州公司飞机维修厂（以下简称"维修厂"）一名年轻和富有生气的党务工作者，2004年参加工作到2007年被组织培养为一名光荣的党务工作者，她并没有惊天动地的事迹，在一年的党务工作中，她兢兢业业、任劳任怨、尽职尽责，她在平凡的党务工作岗位上，不断提高思想政治理论素养和岗位业务水平，她的工作信条是服务一定要到位、周全，能服务到基层的，就服务到基层。

她在日常工作中主动积极、勤于奉献。刚调到维修厂办公室任政工工作时，工科毕业的她对这份工作根本不熟悉，或者说根本就一无所知，她心里很激动同时也感到压力的重大，维修厂有170多人，他们都可以说是她的长辈，只有少部分是同龄或小点，他们能认可她吗？但她明白这是组织对她的信任，她没有退缩，她利用一切课余时间，通过电视、报纸和网络等各种平台努力学习，以最短时间熟悉和认识政工工作，她的这种学习热情和激情受到了维修厂班子和员工的一致好评。当时维修厂办公室职责还未编写，工作人员对自己日常工作和职责还认识不够，石翠平同志就通过日常工作仔细观察，很快编写了各个岗位的职责，报维修厂班子获批，这使办公室工作更加井然有序。

由于政工工作的性质，很多人事的工作需要参与其中，石翠平同志在大是大非上能保持原则。2007年临聘员工的合同理顺中，她始终与公司和维修厂领导班子保持一致，立场坚定，坚决做到不乱传信息，不在公共场合散布不利言论，在维修厂班子和临聘员工谈话中认真记录下他们的需求，用心去听，记录下了每个人的真实想法和他们的希望，这为以后的工作顺利开展奠定了很好的基础。在这一次劳动关系改革中，她始终面带微笑地倾听每一位临聘员工的心声，因为她知道思想政治工作就是理解人、尊重人和关心人。

2008年年初，一场历史罕见的自然灾害面前，她作为一名一线的宣传工作者，她知道自己不能帮助一线兄弟们减少半点寒冷，但她明白自己也能做到和他们在一起。早上9点，站在-5~-6℃，结着一层冰的机场停机坪上，她高高地举着照相机，不用喊"1、2、3、茄子"，她用冻得彻骨的双手记录下了一个又一个动人画面，她不忍放弃任何一个镜头，这样一呆也竟一两个小时。在南航视窗、《南方航空报》和民航资源网上，她就发表了近20篇的宣传，很好地树立了机务人的形象。

作为维修厂团支部书记，她带领这支年轻的团队发挥了生力军的先锋作用。为党组织输送了多个优秀青年同志，真正践行了团组织为党组织培养和输送人才的使命。维修厂团总支先后获得了南航贵州公司2007年度优秀团总支和贵州省2007年度优秀团支部，这是对她工作的充分肯定也是鼓励。今年，还与维修厂工会一起组织成立了各类兴趣小组，如摄影、新闻、体育等，不仅丰富了员工的业余生活，而且使员工的情趣修养、审美意识等全面得到提高。

作为一名党务工作者，石翠平同志将继续努力工作、不断创新，争做群众的好帮手、党组织的好助手，用行动证明自己是一名合格的共产党员，她工作着并快乐着。

项目六　无人机其他系统维修

 项目导入

随着无人机技术逐渐成熟，制造成本和进入门槛降低，无人机市场已经爆发。无人机在诸多领域用途广泛，例如无人机用于通信、植保、航拍等领域。

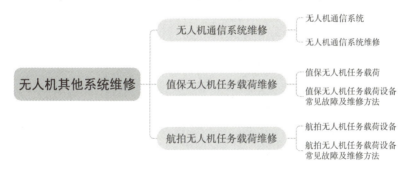

任务 6.1　无人机通信系统维修

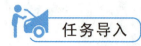

无人机通信系统主要包括机体、飞控系统、数据链系统（MDS 数传电台是国内无人机用得最多的数据链设备）、发射回收系统、电源系统等。飞控系统又称为飞行管理与控制系统，相当于无人机系统的"心脏"部分，对无人机的稳定性、数据传输的可靠性、精确度、实时性等都有重要影响，对其飞行性能起决定性的作用；数据链系统可以保证对遥控指令的准确传输，以及无人机接收、发送信息的实时性和可靠性，以保证信息反馈的及时有效性和顺利、准确地完成任务；发射回收系统保证无人机顺利升空以达到安全的高度和速度飞行，并在执行完任务后从天空安全回落到地面。

通信系统主要的、也是最重要的需求是提供控制站与无人机之间数据链路（上行和下行）。传输媒介通常是无线电波，但也是激光束或光纤传输的光波。

任务要求

1. 明确无人机通信系统维修的目的和作用。
2. 分析各种维修方式对无人机通信系统的利弊。
3. 懂得正确选择预防性修理工作方式。
4. 能自主分析维修中的不足与问题。
5. 掌握链路故障问题所在。

任务目标

1. 熟悉无人机的通信系统。
2. 自主分析无人机通信系统维修中的不足。
3. 懂得分析并排除无人机通信系统的常见故障。
4. 养成认识问题、分析问题和解决问题的能力。
5. 养成沟通协作的团队能力。

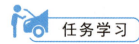

一、知识链接

1. 无人机数传

无人机数传主要完成地面控制站对无人机的遥测、遥控、任务传感器等信息的传输，实现地面控制站与无人机之间的数据收发和跟踪定位,如图 6-1 所示。

特征:

(1) 体积小、质量轻、功耗低。

(2) 接线方便,便于使用。

(3) 具有跳频扩频功能,抗干扰能力强,跳频组合越高,抗干扰能力越强,一般的设备能做到几十、几百个跳频组合,性能优异的设备能做到 6 万个跳频组合。

(4) 具有存储转发功能。

2. 图传的作用

图传的作用是将无人机在空中拍摄的画面实时传输到地面或操控的显示设备上,使操控手能够身临其境地获得无人机远距离飞行时相机所拍摄的画面。图传模块如图 6-2 所示。

图 6-1 数传模块发射与接收

图 6-2 图传模块

3. 无人机数据链

无人机数据链是无人机系统的重要组成部分,是飞行器与地面系统联系的纽带。随着无线通信、卫星通信和无线网络技术的发展,无人机数据链的性能也得到了大幅提高。当今,无人机数据链也面临着一些挑战。首先,无人机数据链在复杂电磁换件条件下可靠工作的能力还不足;其次,频率使用效率低。无人机数据链带宽、通信频率通常采用预分配方式,长期占用频率资源,而无人机飞行架次不多,频率使用次数有限,造成频率资源的浪费。图 6-3 所示为地面站信号;图 6-4 所示为地面站串口。

4. 我国对无人机使用频段规定

无人机通信链路需要使用无线电资源,目前世界上无人机的频谱使用主要集中在 UHF、L 和 C 波段,其他频段也有零散分布。目前我国工信部无线电管理局初步制定了《无人机系统频率使用事宜》,规划 840.5~845 MHz、1 430~1 444 MHz 和 2 408~2 440 MHz 频段用于无人驾驶航空器系统。规定:

(1) 840.5~845 MHz 频段可用于无人机系统的上行遥控链路,其中,841~845 MHz 也可采用时分方式,用于无人机系统的上行遥控和下行遥测信息传输链路。

图 6-3 地面站信号

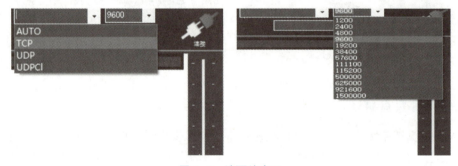

图 6-4 地面站串口

（2）1 430～1 444 MHz 频段可用于无人机系统下行遥测与信息传输链路，其中 1 430～1 434 MHz 频段应优先保证警用无人机和直升机视频传输使用，必要时 1 434～1 442 MHz 也可以用于警用直升机视频传输。无人机在市区部署时，应使用 1 442 MHz 以下频段。

（3）2 408～2 440 MHz 频段可用于无人机系统下行链路，该无线电台工作时不得对其他合法无线电业务造成影响，也不能寻求无线电干扰保护。

5. 无人机链路系统组成

无人机链路的机载部分包括机载数据终端（ADT，图 6-5）和天线。机载数据终端包括 RF 接收机、发射机以及用于连接接收机和发射机到系统其余部分的调制解调器，有些机载数据终端为了满足下行链路的带宽限制，还提供了用于压缩数据的处理器。天线采用全向天线，有时也要求采用具有增益的定向天线。

链路的地面部分也称地面数据终端（GDT），如图6-6所示。该终端包括一副或几副天线、RF接收机和发射机以及调制解调器。若传感器数据在传送前经过压缩，则地面数据终端还需采用处理器对数据进行重建。地面数据终端可以分装成几个部分，一般包括一条连接地面天线和地面控制站的本地数据连线以及地面控制站中的若干处理器和接口。

图6-5　机载数据终端

图6-6　地面数据终端

对于长航时无人机而言，为克服地形阻挡、地球曲率和大气吸收等因素的影响，并延伸链路的作用距离，中继是一种普遍采用的方式。当采用中继通信时，中继平台和相应的转发设备也是无人机链路系统的组成部分之一。无人机和地面站之间的作用距离是由无线电视距所决定的。

6. 无人机链路信道频段

无人机地空数据传输过程中，无线信号会受到地形、地物以及大气等因素的影响，引起电波的反射、散射和绕射，形成多径传播，并且信道会受到各种噪声干扰，造成数据传输质量下降。

在测控通信中，无线传输信道的影响随工作频段的不同而异，因此首先需要了解无人机测控使用的主要频段。无人机测控链路可选用的载波频率范围很宽。低频段设备成本较低，可容纳的频道数和数据传输速率有限，而高频段设备成本较高，可容纳较多的频道数和较高的数据传输速率。

无人机链路应用的主要频段为微波（300 MHz～3 000 GHz），因为微波链路有更高的可用带宽，可传输视频画面，它所采用的高带宽和高增益天线抗干扰性能良好。不同的微波波段适用于不同的链路类型。

一般来说，VHF、UHF、L和S波段较适合于低成本的短程无人机视距链路；X和Ku波段适用于中程和远程无人机的视距链路和空中中继链路；Ka波段适用于中远程的卫星中继链路。

二、技能链接

无人机系统主要分为三大部分：地面站、飞控系统以及无线通信链路，下面一起了解一下无人机无线通信链路系统。

无线通信链路系统是无人机系统的重要组成部分,其主要任务是建立一个空地双向数据传输通道,用于完成地面控制站对无人机的远距离遥控、遥测和任务信息传输。遥控实现对无人机和任务设备进行远距离操作,遥测实现无人机状态的监测。

任务信息传输则通过下行无线信道向测控站传送由机载任务传感器所获取的视频、图像等信息,是无人机完成任务的关键,质量的好坏直接关系发现和识别目标的能力。

（1）数据链路的主要功能是：

① 上行（从控制站到无人机）。

发送飞行路径数据,然后存储到无人机自动飞行控制系统中。

当人在飞行控制环路中时,实时发送飞行控制命令到自动飞行控制系统。

发送控制命令到机载任务载荷和附属设备。

发送相关的位置更新信息到飞机惯导/自动飞行控制系统。

② 下行（从无人机到控制站）。

发送有关飞机的位置信息到控制站。

发送任务载荷图像和数据到控制站。

发送飞机状态信息,如油量、发动机温度等到控制站。

（2）无线通信系统的功耗、处理复杂性、天线设计及其复杂性、质量、成本等将由以下因素决定：

① 无人机测控作用距离。

② 下传任务载荷和状态数据的综合需求。

③ 传输安全要求。

三、案例

无人机应急通信保障救援生命线

自 2008 年汶川地震灾害后,中国移动投入大量资源开展应急通信技术研究,形成灾后快速救援和增强灾害常发区域通信可靠性两方面技术方案,力求为应急救援提供高可靠的通信保障。在此过程中,中国移动重点研究和探索了"空天地"网络体系中无人机平台与蜂窝技术结合提供应急通信保障方案。

无人机应急通信系统主要包括 4G/5G 蜂窝通信设备和无人机平台,以及包括卫星、微波、地面光纤链路等多种回传组成的端到端通信系统,该系统可快速恢复通信中断地区临时通信能力,为灾后"黄金 72 小时"救援提供稳定可靠的通信保障,无人机平台主要包括固定翼无人机和系留无人机两种。

固定翼无人机应急保障：固定翼无人机应急通信系统具有快速部署能力,采用固定翼大型无人机与通信设备结合,形成具有大载荷、快速部署能力的"空中基站"。可为通信中断区域提供临时性的应急覆盖,连续服务时间取决于无人机燃料携带量,通常可提供十几个小时的应急通信保障,例如采用多机接力方式可提供更长时间的保障能力。

大载荷无人机平台可同时挂载 4G/5G 通信基站、动中通设备,以及摄像、雷达等其他任务载荷,无人机从机场起飞,操控人员利用卫星通信远程控制无人机到达并在灾区上空盘旋,通过安装在无人机侧面的定向天线为受灾区域提供蜂窝覆盖,覆盖范围可达 50 km^2

以上。利用机载动中通设备与卫星相连承载基站的传输链路，并与地面蜂窝核心网相连，可提供面向受灾区域应急广播、灾区用户对外通信等服务。固定翼无人机应急通信系统具备以下几大特点：一是适应性强，无人机可远程起飞、远程控制，直飞灾区现场，不受灾害发生造成的道路中断等地形影响；二是载荷能力强，无人机平台具有百千克以上载荷能力，可携带基站设备和动中通设备，无须其他配套设备；三是反应速度快，利用无人机高机动性特征，可根据应急保障需求快速切换区域，满足突发性覆盖需求。

该方案主要适用于极端环境的通信应急保障，尤其是道路损毁严重、车辆完全无法通行、需要快速深入灾区提供的通信保障。2021年7月河南突发特大暴雨，在应急管理部统一安排下，中国移动联合中航工业利用"翼龙"固定翼无人机为受灾区域提供5小时的通信保障，累计接通用户超过2 500个，有效支撑了灾区应急救援行动。

系留无人机应急保障：系留无人机应急通信系统具备超长滞空能力，是由传统应急通信车集成多旋翼无人机和系留供电系统组成的，由于采用地面电源提供电力（市电、油机等），在持续供电条件下，具有长时间通信保障能力。系留无人机应急通信系统相当于搭建一座临时的通信基站塔，无人机升空高度可根据应用场景灵活调整，高度范围通常为50～200 m，可满足多种场景应用需求。

系留无人机应急通信系统主要由无人机平台、地面系留平台、供电电源以及回传系统组成。无人机平台可以挂载多种任务载荷，包括通信基站设备、自组网设备、中继台、电台、光学变焦设备等。空中平台通过光电复合系留线缆与地面系统连接，一方面空中平台及载荷利用系留线缆连接地面电源获得持续的电力供应；另一方面，系留线缆内置光纤提供了通信设备内部数据传输，为减轻多旋翼无人机载荷，通常仅将基站射频单元安装在无人机平台上，基带单元置于配套的应急车中，两者通过系留线缆连接。基站的传输链路可根据灾区条件和业务要求选择适合的卫星中继、微波中继、光纤直连等回传方式，与地面核心网连接实现应急保障能力。

任务实施

（1）课前准备。

提前查阅资料，地面站如何使用及一些注意事项。

（2）任务引导。

使用地面站的步骤及注意事项。

（3）对出现不同问题的无人机通信系统进行筛选，并解决相应问题。

出现问题：_____ 解决措施：_____

_____ _____

（4）通过对无人机通信系统的讲解，让学生认识到无人机通信系统按时检修和维护的重要性。

出现问题：_____ 解决措施：_____

_____ _____

（5）发布头脑风暴任务，以小组形式即时搜索无人机通信系统出现问题如何维修的案例。

出现问题：_____ 解决措施：_____
_____ _____

(6) 简单阐述你对无人机通信系统维修的意见和看法。

维修意见：_____ 维修看法：_____
_____ _____

 思考与练习

1. 无人机系统通信链路是指控制和无载荷链路，主要包括什么？
2. 无人机数据链路系统按照传输方向可以分为哪两种链路？
3. 叙述地面站串口链接故障以及排除方法。
4. 叙述无人机数据链故障及排除方法。
5. 叙述地面站串口链接故障及排除方法。

任务评价

任务评价如表6-1所示。

表6-1 任务评价

姓名		学号				
评价方面	评价内容	评价方式				
		分值	自评	互评	师评	合计
职业素养（30分）	课前准备	6				
	责任意识	6				
	任务实施流程	6				
	组内分工	6				
	安全事项	6				
专业能力（60分）	无人机通信系统结构了解	12				
	无人机通信系统维修的方式	12				
	无人机通信系统维修的目的	12				
	掌握链路故障所在	12				
	与组员相互合作的能力	12				
创新意识（10分）	创新性思维和行动	5				
	创造兴趣	5				
合计		100				
综合得分						

任务 6.2　植保无人机任务载荷维修

任务导入

植保无人机,又名无人飞行器,顾名思义是用于农林植物保护作业的无人驾驶飞机,该型无人机由飞行平台(固定翼、直升机、多轴飞行器)、导航飞控、喷洒机构三部分组成,通过地面遥控或导航飞控来实现喷洒作业,可以喷洒药剂、种子、粉剂等。

植保无人机是一种遥控式农业喷药小飞机,机体娇小而功能强大,可负载 8~10 kg 农药,在低空喷洒农药,每分钟可完成一亩[①]地的作业,其喷洒效率是传统人工的 30 倍。该飞机采用智能操控,操作手通过地面遥控器及 GPS 定位对其实施控制,其旋翼产生的向下气流有助于增加雾流对作物的穿透性,防治效果好,同时远距离操控施药大大提高了农药喷洒的安全性,还能通过搭载视频器件,对农业病虫害等进行实时监控。

任务要求

1. 熟悉植保无人机任务载荷的组成及各部分功用。
2. 掌握植保无人机任务载荷的维修目的与原理。
3. 能自主分析植保无人机维修中的不足与问题。
4. 自主分析喷洒系统故障及排除。

任务目标

1. 熟悉植保无人机的任务载荷。
2. 熟练掌握植保无人机任务载荷的各种维修方式。
3. 养成动手操作植保无人机的能力。
4. 养成沟通协作的团队能力。
5. 养成厚植航空报国的爱国情怀。

任务学习

一、知识链接

1. 植保无人机

植保无人机的任务载荷主要是喷洒系统,下部还安装有储药箱以及置于中心板上的水

---

① 1 亩 = 666.67 m²。

泵电源降压模块等。

植保无人机喷洒系统分为水泵、输药管、农药喷头等，如图6-7所示。

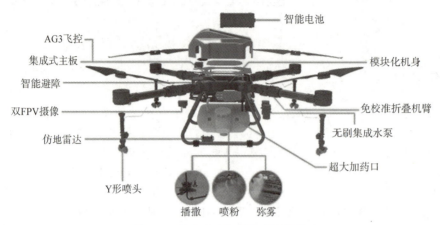

图6-7 植保无人机的各个零部件

2. 动力系统

动力系统作为植保无人机的核心，植保无人机载荷大、负担重，在作业过程中一旦出现故障，往往损失惨重，因此只有在保持动力系统设备良好的状态下，才能提高飞防团队整体收益。

1）螺旋桨

螺旋桨是农业植保无人机消耗最快的配件，如图6-8所示，在大部分的飞行事故当中都有可能使螺旋桨发生断裂或破损。

2）电机

电机是植保无人机动力系统的核心部件，是将电池电能转化为机械能，从而为无人机提供升力的核心部件之一，如图6-9所示。农业植保无人机的电机工作环境恶劣，疲劳操作、水雾、药液附着是其损坏的首要因素。因此电机的日常维护检查尤为重要，要及早发现设备的异常状态，及时进行处理。

图6-8 植保无人机螺旋桨

图6-9 植保无人机电机

注意事项

（1）每天作业完毕后用湿抹布清洁电机外表，去除农药附着。一般不能用流水或者水管直接冲洗电机，以免电机内部进水导致损坏。要定时检查电机动平衡是否良好。

（2）如果无人机在悬停时出现无故侧倾或无法顺利降落，则有可能是电机出现问题。可先尝试重新校正机身后再起飞，若仍然出现问题，那么一定要及时送厂检修，避免出现电机停转导致无人机失控甚至坠毁。无人机飞行前确认电机与螺旋桨固定牢固，飞行后及时检查电机是否藏纳污垢，若是，请清理。在拆卸前，要用压缩空气吹净电机表面灰尘，并将表面污垢擦拭干净。

（3）选择电机解体的工作地点，清理现场环境。熟悉电机结构特点和检修技术要求，准备好解体所需工具（包括专用工具）和设备。为了进一步了解电机运行中的缺陷，有条件时可在拆卸前做一次检查试验。为此，将电机带着螺旋桨试转，详细检查电机各部分温度、声音、振动等情况，并测试电压、电流、转速等，然后再卸下螺旋桨，单独做一次空载检查试验，测出空载电流和空载损耗，做好记录。

3. 电力系统

1）电池

电池是植保无人机核心动力来源，植保无人机对于电池的性能要求特别高，目前绝大多数植保无人机电池都采用聚合物锂离子电池，如图6-10所示。由于植保无人机工作的特点，植保无人机电池电压下降非常快，控制不好就容易导致过放，轻则损伤电池，重则电压太低造成炸机。无人机电池过放，对植保无人机电池寿命损害非常大，因此要格外注重对电池的日常保养。

图6-10　植保无人机电池

（1）正确保养植保无人机电池。

定期检查电池主体、把手、线材、电源插头，观察外观是否受损、变形、腐蚀、变色、破皮，以及插头与飞机的接插是否过松。每次作业结束，须用干布擦拭电池表面及电源插头，确保没有农药残留，以免腐蚀电池。飞行结束后电池温度较高，需待飞行电池温度降至40 ℃以下再对其充电（飞行电池充电最佳温度范围为5~40 ℃）。作业结束后，建议对电池进行慢充。

（2）季节方面冬夏两季要特别注意。

夏季：从户外高温放电后或高温下取回电池最好不要立即进行充电，待电池表面温度下降后再对其进行充电，这样可以大大提高电池的寿命周期。夏季气温比较高，电池禁止暴晒在阳光下。

冬季：在北方或高海拔地区常会有低温天气出现，此时电池如长时间在外放置，它的放电性能会大大降低，如果还要以常温状态时的飞行时间去飞，那一定会出问题。此时应将报警电压降低，因为在低温环境下压降会非常快，报警一响立即降落。再有要给电池做保温处理，在起飞之前电池要保存在温暖的环境中。要起飞时快速安装电池，并执行飞行任务。在低温飞行时尽量将时间缩短到常温状态的一半，以保证安全飞行。放电后电池采取有效的保温措施（如使用保温箱保存），以确保电池的温度保持在 5 ℃ 以上，低温环境下电池的续航时间会有明显的缩短，出现低电量报警后，需立即返回降落。

（3）电池不过充。

有些充电器在充满以后的断电功能不完善，导致单片电池充满到 4.2 V 还没有停止充电，另外，有些充电器使用一段时间以后，因为元器件老化，也容易出现充满不停止的问题，而如果锂电池过充的话，轻则影响电池寿命，重则直接出现爆炸起火。所以防止锂电池过充，应注意以下几点：

① 使用原厂专用的充电器。植保无人机专用充电器具备充电和保养功能，拥有过压、过充、过流等多重充电保护，操作简单、一体化设计、转场方便。

② 准确设置电池组的电池单体个数。充电的前几分钟必须仔细观察充电器的显示屏，在上面会显示电池组的电池个数。如果不清楚，就不应当充电。

③ 新锂电池组的第一次充电，检查电池组每个电池单体的电压。

④ 无人照看不要充电，充电时一定要按照电池规定的充电 C 数或更低的 C 数进行充电，不可超过规定充电电流。

（4）电池日常使用注意事项。

① 电池不满电保存。用户应在无人机使用前充电。若农用无人机充电后未起飞，充满后 3 天内应将电池放电到存储电量。如 3 个月内未使用电池，应将电池充放电一次后继续保存，这样可延长电池寿命。

② 电池安全放置、轻拿轻放。

③ 低温气候在起飞前要给电池做保温处理，将电池保存在温暖的环境中，比如说房屋内、车内、保温箱内等，要起飞时快速安装电池，并进行飞行。

④ 电池安全运输，电池最怕磕碰和摩擦，运输磕碰可能引起电池外部均衡线短路，短路会直接导致电池打火或者起火爆炸。长途运输应把电池放置在专用电池防爆箱。

⑤ 远离农药，防止电池腐蚀。作业中的药水对电池有一定腐蚀性，外部防护不到位也会对电池造成腐蚀。

2）电调

植保无人机电调在机身内部，日常无法接触。作为使用者需注意以下几点：

（1）在使用全新的无刷电子调速器之前请仔细检查各个连接是否正确、可靠（此时请勿连接电池）。

（2）使用过程中电调的状态取决于各部分机组的相互配合，有利于电调的维护。

（3）将遥控器油门摇杆推至最低位置，接通遥控器电源，为了让电调适应遥控器油门行程，在首次使用本电调或更换其他遥控器使用时，均应重新设定油门行程，以获得最佳的油门线性。

（4）将电池组接上无刷电子调速器，调速器开始自检，系统准备就绪后，推动油门启动电机。若无任何反应，请检查电池是否完好，电池连线是否可靠。上电后如果电机无法启动，无任何声音，可能原因是电源接触不良，需要重新插好接头或更换接头；电机反转可能原因是电调输出线和电机线连接的线序错误，需要将三根输出线中的任意两根对调。

（5）随机性的重新启动和工作状态失常可能原因是使用环境中具有极强烈的电磁干扰，电调的正常功能会受到强烈电磁波的干扰。

（6）当推油门启动后，如在2 s内未能正常启动电机，电调将会关闭电机，油门需再次置于最低点后，才可以重新启动。出现这种情况的原因可能有：电调和电机连线接触不良或有个别输出线断开，螺旋桨被其他物体阻挡，减速齿卡死等。

（7）当电调工作温度超过110 ℃时，电调会降低输出功率进行保护，但不会将输出功率全部关闭，最多降到全功率的40%，以保证电机安全。

（8）避免上述的问题，可以尽可能地增大电调的使用寿命。

4. 控制系统

1）遥控器

（1）切忌在潮湿或者高温、多灰尘的环境中使用遥控器。潮湿的空气极易腐蚀内部电路，出现问题很难修复，只能选择更换新的遥控器。而在高温的工作环境里，遥控器的塑料外壳与内部电子元器件都会加速老化。

（2）避免让遥控器受到强烈的振动或从高处跌落，以免影响内部构件的精度。

（3）注意检查遥控器天线是否有损伤，遥控器的挂带是否牢固以及与无人机连接是否正常。

（4）随着使用时间的增加，遥控器表面难免会出现污损等情况，因此为了延长遥控器的使用时限，需要对遥控器进行清洁。

（5）如果是长时间不使用，要及时把遥控器内部的电池取出，防止长时间搁置，导致内部电池液渗出，以至于污染到遥控器的电池仓，对遥控器电源触头造成锈蚀。

（6）运输时应将遥控器的天线折叠，避免天线折断。

（7）如遇遥控器的摇杆未在中立点，需对摇杆进行校正。飞行之前必须对遥控器的摇杆模式做到心中有数，避免摇杆模式错误。摇杆模式错误，将导致飞行器产生撞机、侧翻等风险，在摇杆模式更改后，需养成确认摇杆模式无误再起飞的良好习惯。

（8）通常遥控器内部电子元器件十分精密，所以不能直接使用清水来清理表面的污垢。而一些有耐磨镀层的遥控器也不得使用汽油或者酸性、碱性的清洁剂来保养。选择快干胶，在遥控器表面均匀包裹，待其干燥之后揭下，这样吸附在表面的污垢、细菌等都可以清理下来。

2）传感器

（1）一般植保无人机传感器置于机体内部，如图6-11所示，日常无须特意维护保养。对于部分外置传感器为了获得更好的测量效果，需要定期对传感器进行维护与保养。维护与保养主要包含传感器的清洗，检查传感器是否损害，以及定期的校准。

建议每隔一段时间（一般为3个月，视现场环境而定）对传感器进行清洗，以保证测量的准确性。

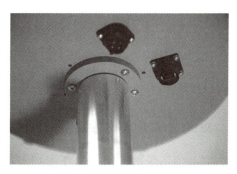

图6-11 传感器

用水流清洗传感器的外表面，如果仍有碎屑残留，请用湿软布进行擦拭。不要将传感器放在阳光下直射或者通过放射能够照到的地方。

（2）传感器损坏检查。

检查传感器外观，是否有破损，如有破损要及时联系售后维修中心更换，防止因为破损而导致传感器进水产生故障。

（3）传感器的保存。

不使用时，应盖上传感器自带的保护套，避免阳光直射或暴晒。为了保护传感器不受冰冻影响，长时间保存前，将传感部位清洗干净。将设备放在运送箱内或具有防电击的塑料容器内。避免用手或其他硬物接触及刮花传感器。

二、技能链接

1. 喷洒系统故障及排除方法

（1）喷洒系统失效。先检查喷洒系统是否正常工作（在飞行器的药箱中装上一定量的水），如果出现喷洒不均匀或喷洒无法工作的现象，检查水泵、喷头是否堵塞，线路是否氧化，旋转蝶的固定情况，如果出现以上情况建议更换喷头，更换隔膜泵。

（2）水泵不出水。一般是泵头内空气未排除，将泵头出水口的水管拔掉，打开水泵将空气排出。

（3）喷洒出药量少。可能是喷嘴里面有异物阻塞，可以取出阻塞物；也可能是喷嘴自身损坏，可以更换新的喷嘴；如果喷头出现漏水，检查喷头止滴阀是否松动，有无泄压，如果有，紧固即可。

2. 不同喷头的雾化原理及优、劣势（表 6-2）

表 6-2　不同喷头的雾化原理及优、劣势

分类	压力喷头	离心喷头
雾化原理	通过液泵产生的压力使药液通过喷头时在压力作用下破碎成细小雾滴，其成雾粒径主要受喷头压力及孔径的影响	通过电机带动喷头高速旋转，通过离心力将药液分散成细小雾滴颗粒，成雾粒径主要受电机电压的影响
优势	药液下压压力大；喷洒架构简单；成本低	产生的雾滴粒径小，雾化均匀；更容易精准控制喷洒流量；适用农药品类多
劣势	雾滴雾化均匀性相对较差；无法通过远程控制调节泵压来改变喷雾粒径；不适用于粉剂，易造成喷头堵塞	药液相对易漂移；雾化控制成本高；高转速对喷头电机轴承寿命影响较大

3. 植保无人机机体特征

（1）采用高效无刷电机作为动力，机身振动小，可以搭载精密仪器，喷洒农药更加精准。

（2）地形要求低，作业不受海拔限制，在西藏、新疆等高海拔地域也可使用。

（3）起飞调校短、效率高、出勤率高。

（4）环保、无废气，符合国家节能环保和绿色有机农业发展要求。

（5）易保养，使用、维护成本低。

（6）整体尺寸小、质量轻、携带方便。

（7）提供农业无人机电源保障。

（8）具有图像实时传输、姿态实时监控功能。

（9）喷洒装置有自稳定功能，确保喷洒始终垂直地面。

（10）半自主起降，切换到姿态模式或 GPS 姿态模式下，只需简单地操纵油门杆量即可轻松操作直升机平稳起降。

（11）失控保护，直升机在失去遥控信号的时候能够在原地自动悬停，等待信号的恢复。

（12）机身姿态自动平衡，摇杆对应机身姿态，最大姿态倾斜 45°，适合于灵巧的大机动飞行动作。

（13）GPS 姿态模式（标配版无此功能，可通过升级获得），精确定位和高度锁定，即使在大风天气，悬停的精度也不会受到影响。

（14）新型植保无人机的尾旋翼和主旋翼动力分置，使主旋翼电机功率不受尾旋翼耗损，进一步提高载荷能力，同时加强了飞机的安全性和操控性。这也是无人直升机发展的一个方向。

（15）高速离心喷头设计，不仅可以控制药液喷洒速度，也可以控制药滴大小，控制范围在 10~150 μm。

4. 使用植保无人机注意事项

（1）远离人群。安全永远放在第一位，一切安全第一！

（2）操作飞机之前，首先要保证飞机的电池及遥控器的电池有充足的电，之后才能进行相关的操作。

（3）严禁酒后操作飞机。

（4）严禁在人头上乱飞。

（5）严禁在下雨时飞行。水和水汽会从天线、摇杆等缝隙进入发射机并可能引发失控。

（6）严禁在有闪电的天气飞行，这是非常危险的！

（7）一定要保持飞机在自己的视线范围之内飞行。

（8）远离高压电线飞行。

（9）安装和使用遥控模型需要专业的知识和技术，不正确的操作将可能导致设备损坏或者人身伤害。

（10）要避免发射机的天线指向模型，因为这样是信号最弱的角度。要用发射机天线的径向指向被控的模型，并应避免遥控器和接收机靠近金属物体。

（11）2.4 GHz 的无线电波几乎是以直线传播的，请避免在遥控器和接收机之间出现障碍物。

（12）如果发生了模型坠落、碰撞、浸水或其他意外情况，请在下次使用前做好充分的测试。

（13）请让模型和电子设备远离儿童。

（14）当遥控器电池电压较低时，不要飞得太远，在每次飞行前都需要检查遥控器和接收机的电池组。不要过分依赖遥控器的低压报警功能，低压报警功能主要是提示何时需要充电，在没有电的情况下，会直接造成飞机失控。

（15）当把遥控器放在地面上时，请注意平放而不要竖放。因为竖放时可能会被风吹倒，这就有可能造成油门杆被意外拉高，引起动力系统的运动，从而可能造成伤害。

三、案例

农业植保无人机四大故障

中国是一个农业大国，特别是近年来，各地域大面积的农业播种，更是给我们的农民朋友带来很大的收益。与此同时，也给我们的农业植保无人机厂家带来很大的收益。目前，很多植保工作用上了农业植保无人机。当然，关于一些地域，就农业植保无人机来讲，还算是一个新型行业，很多人对农业植保无人机运用还不是很了解，因而对农业植保无人机呈现的一些问题，更不晓得应该怎样处置？这里给大家分享一些日常遇到的农业植保无人机的问题及处置办法：

（1）农业植保无人机呈现 GPS 长时间无法定位的状况。

首先，冷静下来等候，由于 GPS 冷启动需求时间。假如等候几分钟后状况照旧没有好转，可能是由于 GPS 天线被屏蔽，GPS 被附近的电磁场干扰，需要把屏蔽物移除，远离干扰源，放置到空阔的地域，看能否好转。另外，形成这种状况的缘由也可能是 GPS 长时间不通电，当地与上次 GPS 定位点的间隔太长，或者是在飞机定位前翻开了微波电源开关。可以尝试关闭微波电源开关，关闭系统电源，5 s 后重新启动系统电源等候定位。假如此时还不能定位，可能是 GPS 本身性能呈现问题，需要让专业的农业植保无人机维修人员处置。

（2）无人机在自动飞行时偏离航线太远。

检查无人机能否调平，调整到无人机在无人干预下能直飞和坚持高度飞行。其次，检查风向及风力，由于大风也会形成此类问题，应选择在风小的时候起飞无人机。再者，检查均衡仪能否放置在适宜的位置，把无人机切换到手动飞行状态，把均衡仪打到适宜的位置。

（3）农业植保无人机控制电源翻开后，空中站收不到来自无人机的数据。

检查是否连线接头松动了或者没有衔接，能否单击空中站的连接按钮、串口是否设置正确、串口波特率是否设置正确、空中站与无人机的数传频道是否设置分歧、无人机上的 GPS 数据能否送入飞控，其中只要一个环节出问题就无法通信，检查无误后重新连接。假如检查无误后还是连接不上，重新启动空中站电脑和无人机系统电源，一般都能够连上通信。

（4）舵机总发出吱吱的来回定位调整响声。

有的舵机无滞环调节功能，控制死区范围调得小，只要输入信号和反馈信号总是波动，它们的差值超出控制死区，舵机就发出信号驱动电机。另外，没有滞环调节功能，假如舵机齿轮组机械精度差、齿虚位大，带动反馈电位器的旋转步，步范围就已超出控制死区范围，那舵机必将调整不停。

农业植保无人机属于精细器械，任何部件的微小变动都会影响其飞行状态和运用寿命。因此，在处置农业植保无人机故障时要非常小心慎重，以科学严谨的态度处置无人机故障，不要随意改动农业植保无人机以免适得其反。

任务实施

（1）课前准备。

提前查阅资料，了解植保无人机的正确保养方法，做好笔记；了解植保无人机在飞行作业中发现故障该如何及时处理。

（2）任务引导。

植保无人机载荷设备的日常维修。

植保无人机作业时旋转。

故障原因：_____

排除方法：_____

（3）引导学生对植保无人机任务载荷出现问题进行分析与解决，培养学生兴趣与爱好。

出现问题：_____ 解决措施：_____

_____ _____

（4）通过对植保无人机任务载荷的讲解，让学生认识到植保无人机任务载荷按时检修和维护的重要性。

出现问题：_____ 解决措施：_____

_____ _____

（5）发布头脑风暴任务，以小组形式即时搜索植保无人机任务载荷出现问题如何维修的案例。

出现问题：_____ 解决措施：_____

_____ _____

（6）简单阐述你对植保无人机任务载荷维修的意见和看法。

维修意见：_____ 维修看法：_____

_____ _____

思考与练习

一、判断题

1. 如果发生了模型坠落、碰撞、浸水或其他意外情况，请在下次使用前做好充分的测试。
（　　）

2. 严禁植保无人机在人头上乱飞。（　　）

3. 在雨小的时候植保无人机可以进行作业。（　　）

二、简答题

1. 植保无人机的喷头按照材质可以分为哪些？

2. 植保无人机的喷头的维修与保养有哪些内容？
3. 植保无人机的动力来源分为哪些？
4. 介绍两种实用的植保无人机。

任务评价

任务评价如表 6-3 所示。

表 6-3　任务评价

姓名		学号				
评价方面	评价内容	评价方式				
		分值	自评	互评	师评	合计
职业素养 （30分）	课前准备	6				
	责任意识	6				
	任务实施流程	6				
	组内分工	6				
	安全事项	6				
专业能力 （60分）	植保无人机任务载荷结构了解	12				
	植保无人机任务载荷维修的方式	12				
	植保无人机任务载荷维修的目的	12				
	喷洒系统故障及排除	12				
	与组员相互合作的能力	12				
创新意识 （10分）	创新性思维和行动	5				
	创造兴趣	5				
	合计	100				
	综合得分					

任务 6.3　航拍无人机任务载荷维修

任务导入

无人机航拍摄影是以无人驾驶飞机作为空中平台，以机载遥感设备，如高分辨率 CCD 数码相机、轻型光学相机、红外扫描仪、激光扫描仪、磁测仪等获取信息，用计算机对图像信息进行处理，并按照一定精度要求制作成图像。全系统在设计和最优化组合方面具有突出的特点，是集成了高空拍摄、遥控、遥测技术、视频影像微波传输和计算机影像信息处理的新型应用技术。

使用无人机进行小区域遥感航拍技术，在实践中取得了明显成效和经验。以无人机为空中遥感平台的微型航空遥感技术，适应国家经济和文化建设发展的需要，为中小城市特别是城、镇、县、乡等地区经济和文化建设提供了有效的遥感技术服务手段。遥感航拍技术对我国经济的发展具有重要的促进作用。

任务目标

1. 了解航拍无人机任务载荷设备。
2. 掌握航拍无人机任务载荷设备常见故障及维护方法。
3. 学会保养航拍无人机的任务载荷。
4. 养成认识问题、分析问题和解决问题的能力。
5. 养成沟通协作的团队能力。

任务要求

1. 熟悉航拍无人机任务载荷的组成及各部分功用。
2. 掌握航拍无人机任务载荷结构。
3. 熟悉航拍无人机任务载荷的维修目的与原理。
4. 实际操作航拍无人机搭载的云台和相机。
5. 熟悉任务载荷维修的各种方法。

任务学习

一、知识链接

1. 任务载荷

任务载荷是指那些装备到无人机上为完成任务的设备，包括执行电子战、侦察和武器运输等任务所需的设备,如信号发射机、传感器等,如图6-12所示为无人机搭载任务载荷;但任务载荷不包括飞行控制设备、数据链路和燃油等。无人机任务载荷的快速发展极大地扩展了无人机的应用领域,无人机根据其功能和类型的不同,其上装备的任务载荷也不同。

图6-12 无人机搭载任务载荷

2. 航拍无人机的特点

(1)无人机航拍影像具有高清晰、大比例尺、小面积、高现势性的优点,特别适合获取带状地区航拍影像(公路、铁路、河流、水库、海岸线等)。无人驾驶飞机为航拍摄影提供了操作方便、易于转场的遥感平台。起飞降落受场地限制较小,在操场、公路或其他较开阔的地面均可起降,其稳定性、安全性好,转场等非常容易。

(2)多用途、多功能的影像系统是获取遥感信息的重要手段。遥感航拍使用的摄影、摄像器材主要是经过改装的120照相机,拍摄黑白、彩色的负片及反转片也可使用小型数字摄像机或视频无线传输技术进行彩色摄制。

(3)小型轻便、低噪节能、高效机动、影像清晰、轻型化、小型化、智能化更是无人机航拍的突出特点。

航拍无人机搭载的云台和相机如图6-13~图6-15所示。

图6-13 大疆禅思云台相机

图6-14 云台和相机

图6-15 云台

3. 无人机云台的保养

1）防水、防潮、防沙尘

水、雨、沙尘等作为无人机最大的自然杀手，对无人机具有很大的杀伤力。虽然无人机不会沾水即坏，但一般无人机产品目前还不具备防水功能。如航拍时突遇下雨，最好立即返航降落，然后断电擦干无人机。之后最好风干一阵子或放到防潮箱吸潮，确定湿气除净后再使用。除雨水外，沙尘对无人机的影响也非常大，尤其是电机等设备，应尽量避免从沙土或碎石地面起飞。若在沙漠地区飞行实在没有办法，在使用无人机后应尽快清理，以减少沙尘对电子元件的影响。

2）关于电池的养护

无人机所有装备中，消耗量最大的非电池莫属了。对于电池，如图6-16所示，应尽量遵循六不原则：不过热充、不过放、不满电保存、不损坏外皮、不短路、不着凉，这样可进一步延长其使用寿命。飞行时尽量避免电池电量耗尽，返航时至少要保持15%以上的电量，且应匀速飞行。

检查电池是否可以使用，有一个简单的方法，就是观察外观是否有鼓包。有鼓包的电池肯定不能使用了。有些无人机专用电池装在保护壳内，可观察电池安装后是否松动。如果安装不畅，很有可能是电池膨胀将保护壳挤变形了。

图6-16 电池

使用电池时可留意一下电压、电量下降速度是否过快，一般情况下，每周使用3次，至多一年电池便开始明显老化。

如果经常外出航拍，还应注意温度对电池的影响。从"热带"到"寒带"，在低温地区使用时，电池应做好"保暖"和"热身"工作，以减少电压急速升高的情况。

3）认识减振球

外出航拍飞行时，若发现视频图像不稳定、有抖动现象，此时并不一定是云台出了问题。首先，应该检查连接云台与飞行器的减振板上的减振球。减振球如图6-17所示。

图6-17 减振球

当拍摄视频出现果冻现象时，很大可能性是减振球过硬或破损。一旦发现其破损，应马上更换，以免航拍影片画面产生扭曲或波动。一般情况下，自购云台产品会配备多款减振球以适配不同的飞行器。

4）注重螺旋桨

螺旋桨也是无人机快消耗装备之一，尤其是新手，所以应该多加注意。虽然正常使用中，无人机坠地导致桨叶（图 6-18）折断的机会并不多，但因视觉误差或操纵不当导致的撞树却频频发生。这时就需要特别留意桨叶是否出现裂痕、缺口等直接影响飞行稳定性的问题。如果损伤严重，最好还是直接更换新的螺旋桨。

5）电机稳定性

除了螺旋桨外，对飞行稳定性影响最大的就是电机了，如图 6-19 所示。如果无人机在悬停时出现无故侧倾或无法顺利降落，则有可能是电机出了问题，可先尝试重新校正机身后再起飞。若仍然出现问题，那么一定要及时送厂检修，避免出现电机停转导致无人机失控甚至坠毁。

图 6-18 桨叶

图 6-19 电机

4. 其他典型设备

1）激光测高仪

无人机装载的激光测高仪就是利用激光对无人机相对于目标之间的距离进行准确测定的仪器。激光测高仪在工作时向目标射出一束很细的激光，由光电元件接收目标反射的激光束，计时器测定激光束从发射到接收的时间，进而计算出目标距离。激光测高仪主要由激光发射机、激光接收机、计算显示系统、电源系统四部分组成。

2）影像解析与定位处理设备

根据影像量测和解析需要，可对无人机利用各类侦测设备获取的航空影像进行几何纠正、辐射校正等预先处理，之后根据处理影像的性质或特点不同，利用空间摄影测量、图像处理等技术，对目标进行高精度定位，对获取影像进行立体提取与显示，对满足一定要求的影像进行自动拼接，对多源图像进行融合等。

3）稳定转台

稳定转台主要用来隔离无人机飞行姿态变化、振动等对航拍的影响，得到高质量的电视画面（可见光或红外视频图像）。不同类型无人机其稳定转台结构也各异，如某型光电稳定转台就是由球形吊舱（含陀螺平台）、电子部件和收放机构等组成的，它是一种双轴的光轴稳定平台，平时是收在机体内部，工作时放下球形吊舱伸出于机体下表面，进行下半球全方向跟踪目标并进行摄像，完成飞行任务后，着陆时光轴稳定平台接收到遥控指令将平台的吊舱收入机内，防止着陆时遭损坏。

4）视频图像编辑设备

无人机利用电视或红外热像仪等设备，可以获取视频图像。视频图像因其实时性、连续性等特点，在民用和军事领域应用都极为广泛。为了提高视频图像的显示效果，需要对无人机视频图像进行必要的编辑。电视编辑设备就是利用监视器、录像机和编辑机等，将无人机执行侦测任务时的视频侦察素材，经过一定的编辑整理而成为录像资料。

除此之外，无人机还有图像跟踪设备、图像记录与存储设备、图像传输设备等。

二、技能链接

1. 航拍无人机保养

1）飞行后的养护

每次航拍无人机飞行结束，操控员都应对无人机做保养擦拭。如果是电动航拍无人机，可选用质地柔软的除尘毛巾擦拭浮灰。如果是油动航拍无人机，则应先用浓度较高的酒精喷涂在机体表面稀释油污，然后用除尘毛巾反复多次擦拭干净。如不及时清理无人机表面的油污，很容易造成机体腐蚀。

2）航拍无人机放置

尽量将航拍无人机置于干燥环境中，最好将其放在水平托架上，或在机体内部放一些成品干燥剂。干燥的外部环境可以保证无人机不会因长时间放置产生变形。

3）定期涂蜡保护

由于目前市面上可以购得的航拍无人机，其表面涂装均采用了喷漆工艺，因此需要做定期涂蜡保护。机体表面的定期涂蜡养护，不仅可使无人机更加光洁靓丽，还可在其上形成一层保护膜，隔绝保护涂装漆面。

2. 航拍方式

想要拍出一部好的无人机影视作品，并不仅仅只是在无人机上安装好相机就可以，在熟知相机上的如白平衡、快门速度、光圈及国际标准设置外，还需要掌握一些拍摄技巧。

首先，需要规划好拍摄场地，检查好相关设备，调整好想要拍摄的视频和图片的类型等。以下为关于无人机影视拍摄的几点建议，以供学习：

（1）多看书、多学习。

阅读影视拍摄方面的书籍，了解相机的构造和设置，适当参加摄影课程，建立基本的知识构架。在了解之后开始初次练习，将所学知识应用于实践，尝试拍摄不同的场景，采用不同的拍摄技巧。多看一些好的视频作品，从中不断学习。

（2）制订拍摄计划、准备拍摄器材。

为了保证拍摄的顺利进行，制订一个切实可行的计划成为必不可少的一步。可以从以下几个方面进行准备：

① 拍摄内容——场景、人物或者时间等。

② 灯光条件——思考如何将相机的背景设置调制最佳，包括过滤器、飞行路径和角度等。

③ 天气条件——避免大风、阴雨和雾霾天气。如果设备遇水，就会停止工作，即便是晴朗的天气，也需要戴上遮阳伞，防止控制器在强光下暴晒。

④ 设备准备——确保无人机、控制器、相机、移动手机或平板电脑等电量充足，检查备用设备是否都已准备齐全，检查设备是否有坏损的地方。

如果拍摄地距离较远，不要忘记检查车子的油量、水量以及备用轮胎等。

（3）放松心情、集中精力。

在拍摄的过程中，一定要集中全部的精力。千万不要被其他的场景分散注意力，比如车的油量及备用轮胎的是否充满等，一旦你的注意力被分散，那就极有可能会影响作品的拍摄质量。

在出发前，可以写好清单，记录下需要准备的东西，以防落下。

（4）缓慢飞行、全面拍摄。

作为一名无人机玩家，每个人都喜欢小"秀"一下飞行技巧。除非在进行体育赛事的跟踪拍摄，其他时候，尽量不要太过"华丽"，飞的慢而稳才能够拍出好的作品，让观众真正欣赏一部场景、情节各方面都优秀的电影作品。缓慢拍摄也是一个电影拍摄技巧。

（5）使用智能飞行模式。

在影视拍摄的过程中，主要会用到的无人机包括 DJI、3DR、Yuneec 和 Walkera，这几款无人机都安装有智能飞行模式，可以实现无人机的自主飞行。在拍摄过程中，可以通过此模式较少人力控制，使拍摄者把更多的精力集中到电影场景中。

（6）掌握一些飞行拍摄小技巧。

反向拍摄：可将无人机翻转过来，缓缓操控其飞行，从上到下拍摄。

水平拍摄：这个技巧非常适合用来拍摄比较大型的场面。

方向角拍摄：很多无人机都有三轴转台，所以操控员可通过调节滚动轴和倾斜轴操控无人机进行前置、水平和倾斜等方向的拍摄。

旋转拍摄：可操控无人机进行按轨道运行旋转拍摄。

善用天气条件：例如可选择日出或日落时进行拍摄。一天中的光线和阴影效果是完全不同的，可通过调节相机的设置，有效利用这些条件。

无人机航拍虽好用，但依然要注意以下几点误区：

（1）飞入峡谷等危险区域拍摄。如果想要拍出一部优秀的作品，寻找独一无二的场景就变得尤为重要。而在那些诸如峡谷等地进行拍摄，是极易发生危险的。

（2）在森林中进行拍摄。在长满了树木或灌木的地方进行拍摄，是极易导致无人机发生故障坠毁的。

（3）在狩猎区进行拍摄。无人机极有可能会被猎人击落。

（4）飞入禁飞区拍摄。一般情况下，禁飞区都存在很多安全隐患，所以最好远离禁飞区域。

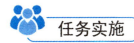

任务实施

（1）课前准备。

学生完成老师发布的课前预习工作。上网了解无人机的载荷和无人机为什么要搭载载荷。

（2）任务引导。

① 航拍无人机搭载的相机有哪些种类？请简单说说。

② 根据云台旋转轴数分类，完成表6-4。

表6-4　云台转轴的特点

轴数	特点

③ 云台的工作原理是什么？

④ 图传系统由哪几部分组成？

⑤ 云台和相机该如何维护？任务载荷又该如何保存呢？

（3）引导学生对航拍无人机任务载荷出现问题进行分析与解决，培养学生兴趣与爱好。

出现问题：＿＿＿＿＿＿＿＿＿＿　解决措施：＿＿＿＿＿＿＿＿＿＿

＿＿＿＿＿＿＿＿＿＿　＿＿＿＿＿＿＿＿＿＿

（4）通过对航拍无人机任务载荷的讲解，让学生认识到航拍无人机任务载荷按时检修和维护的重要性。

出现问题：＿＿＿＿＿＿＿＿＿＿　解决措施：＿＿＿＿＿＿＿＿＿＿

＿＿＿＿＿＿＿＿＿＿　＿＿＿＿＿＿＿＿＿＿

（5）发布头脑风暴任务，以小组形式即时搜索航拍无人机任务载荷出现问题如何维修的案例。

出现问题：＿＿＿＿＿＿＿＿＿＿　解决措施：＿＿＿＿＿＿＿＿＿＿

＿＿＿＿＿＿＿＿＿＿　＿＿＿＿＿＿＿＿＿＿

（6）简单阐述你对航拍无人机任务载荷维修的意见和看法。

维修意见：＿＿＿＿＿＿＿＿＿＿　维修看法：＿＿＿＿＿＿＿＿＿＿

＿＿＿＿＿＿＿＿＿＿　＿＿＿＿＿＿＿＿＿＿

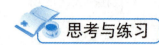

思考与练习

一、判断题

1. 根据相机输出信号形式不同,相机可以分为模拟相机和数字相机。（   ）
2. 因为物体可以反射也可以辐射红外线,所以红外相机也分为主动式和被动式。（   ）
3. 可以使用有机溶剂擦拭无人机机身。（   ）

二、填空题

1. 太阳辐射出的光谱根据波长不同可分为三部分_____、_____、_____。
2. 高精度三轴增稳云台,包括_____、_____、_____。

三、简答题

简单说说航拍无人机的相机镜头该如何保养。

任务评价

任务评价如表 6-5 所示。

表 6-5　任务评价

姓名			学号			
评价方面	评价内容	评价方式				
		分值	自评	互评	师评	合计
职业素养 （30 分）	课前准备	6				
	责任意识	6				
	任务实施流程	6				
	组内分工	6				
	安全事项	6				
专业能力 （60 分）	航拍无人机任务载荷结构了解	12				
	航拍无人机任务载荷维修的方式	12				
	航拍无人机任务载荷维修的目的	12				
	航拍无人机任务载荷的保养	12				
	与组员相互合作的能力	12				
创新意识 （10 分）	创新性思维和行动	5				
	创造兴趣	5				
合计		100				
综合得分						

拓展阅读

安全是民航永恒的主题，民航维修是民航安全不可或缺的重要环节。在这个繁冗复杂的体系中，每个环节都存在着看得见的和看不见的安全隐患和风险。近日，民航华东地区管理局官方微信公众号"华东民航"发布了海航集团旗下福州航空维修质控班组事迹，他们以严谨专注、精益求精的工匠品质，确保民航安全，他们被称为飞机适航的"守护者"。

1名班组长、1名安全专员和3名组员，这就是福州航空维修质控班组全部的成员，他们主要是负责维修系统的审核、监察和安全管理等相关工作，密切监控并排除安全隐患，降低运行风险。极其严谨的工作态度和无比严格的规范标准，是这个班组坚守的准则。

在贯彻落实民航"三基"建设的工作中，福州航空维修工程部大力弘扬和践行工匠精神，同时以"同心圆"模型为指导，积极创建安全型、学习型、技能型、效益型、创新型、和谐型的"六型"工匠品质飞机维修班组，进一步提升了飞机维修队伍综合实力。

"把每一件简单的事做好就是不简单，把每一件平凡的事做好就是不平凡。"班组长詹正明说。

如今维修质控班组已成为福州航空践行工匠精神的一支主力军。自组建以来，班组在不断学习借鉴和持续沉淀中，形成了独具特色的文化和管理机制，打造了一支纪律严明、技能突出、作风务实的优秀队伍。

在2020年福建民航岗位技能竞赛暨工匠精神文化建设活动中，福州航空维修质控班组获得"福建省工人先锋号"荣誉，班组长詹正明荣获"福建省金牌工人"称号；福州航空被民航福建监管局授予"最佳实践奖"。

对安全的高度重视，是每一位海航人的信念，也是像诸多如福州航空维修质控班组一样的海航工匠们坚持不懈的工匠精神。未来，还将有更多的海航工匠继续秉承恒专注、精益求精的匠心、匠魂，为海航持续安全、高质量发展贡献力量。

我为自贸港建设做贡献。